Sommario

Capitolo 1: Introduzione 3

    1.1 Origini e radici mediterranee 4

    1.2 Trasformazioni storiche 5

    1.3 Olio Extravergine di Oliva Oggi 6

    1.4 Significato Culturale 7

    1.5 Anticipazioni sui Benefici e sul Gusto 9

Capitolo 2: La Storia di un Eroe Culinario 11

    2.1 Nascita e Crescita delle Piantagioni 14

    2.2 L'Antichità Greca e Romana 16

    2.3 Rinascimento e Scoperte 18

    2.4 Guerre e Rationing 20

    2.5 Olio Extravergine di Oliva nel XXI Secolo 22

Capitolo 3: Benefici per la Salute, con 10 ricette per ridurre il rischio di patologie cardiovascolari 24

10 Ricette 25

    1. Insalata Mediterranea: 25

    2. Bruschette all'Aglio e Pomodoro: 25

    3. Salmone alla Griglia: 25

    4. Pasta al Pesto di Basilico: 26

    5. Caponata Siciliana: 26

    6. Pollo alle Erbe con Verdure al Forno: 27

    7. Couscous con Verdure Grigliate: 27

    8. Quinoa alla Mediterranea: 27

    9. Sformato di Verdure: 28

    10. Braciola di Maiale con Salsa al Rosmarino: 28

3.1 Acidi Grassi Monoinsaturi...29

3.2 Antiossidanti e Proprietà Anti-infiammatorie 31

3.3 Riduzione del Colesterolo..33

3.4 Benefici per il Cervello e la Salute Mentale...............35

3.5 Prevenzione di Malattie Croniche 37

Capitolo 4: Consumo Moderato e Digestione...................39

Capitolo 4.1: Quantità Consigliate..................................41

4.2: Rischi del Consumo Eccessivo 43

4.3: Integrare nell'Alimentazione 45

4.4: Impatto sulla Perdita di Peso...................................47

4.5: Consigli per una Digestione Ottimale 49

Capitolo 5: Usi in Cucina 51

5.1: Olio nei Piatti Freddi 52

5.2: Condimenti e Salse 53

5.3: Olio in Pasticceria 55

5.4: Abbinamenti Gastronomici 56

Capitolo 6: Oltre il Gusto - Industria e Ambiente 58

6.1: Produzione Sostenibile 59

6.2: Impatto Ambientale 60

6.3 Etichettatura e certificazioni 62

6.4 Progetti di conservazione 63

6.5 Il futuro sostenibile dell'industria...............................64

Capitolo 7: Consigli Pratici per la Selezione e la Conservazione dell'Olio Extravergine di Oliva..66

7.1: Selezione dell'Olio di Qualità...................................68

7.2 Conservazione corretta 69

7.3 Identificare la freschezza 70

7.4 Uso della cucina e oltre 72

7.5 Esplorare diverse varietà 73

Capitolo 8: Storie di Successo e Innovazioni 76

8.1: Artigiani dell'Olio 76

8.2: Innovazioni nell'Industria dell'Olio Extravergine di Oliva 77

8.3: Olio Extra Vergine di Oliva Biologico 79

8.4: Storie di Successo Globali nell'Industria dell'Olio Extravergine di Oliva 80

8.5: La Prossima Frontiera nell'Industria dell'Olio Extravergine di Oliva 82

Capitolo 9: Olio Extra Vergine di Oliva e Benessere Psicofisico 83

9.1: Meditazione e Olio 85

9.2: Olio e Longevità 86

9.3: Ruolo dell'Olio Extravergine di Oliva nella Dieta Mediterranea 88

9.4: Abbinamenti Gastronomici Avanzati con l'Olio Extravergine di Oliva 89

Capitolo 9.5: L'Olio Extra Vergine di Oliva nel Futuro 91

Capitolo 10: L'Olio Extra Vergine di Oliva nell'Estetica 93

10.1 Il Rituale della Bellezza Mediterranea: 94

10.2 Cura della Pelle: 95

10.3 Capelli Sani e Lucenti: 97

10.4 Massaggi e Relax: 98

10.5 Olio Extra Vergine di Oliva come Ingrediente in Prodotti di Bellezza: 100

10.6 L'Olio nella Routine di Bellezza Quotidiana: 101

Conclusione 104

OLIO EXTRA VERGINE D'OLIVA

TESORO MEDITERRANEO PER LA SALUTE E IL GUSTO

Capitolo 1: Introduzione

L'olio extravergine di oliva, una delle eccellenze gastronomiche più celebrate al mondo, ha una storia che si snoda tra uliveti secolari, plasmando il suggestivo paesaggio del Mediterraneo. Questo prezioso liquido dorato non è solo un ingrediente culinario, ma un vero e proprio custode delle radici culturali dei popoli millenari. In questo capitolo introduttivo, ci immergiamo nelle origini profonde e nelle radici mediterranee dell'olio extra vergine di oliva, esplorando la sua straordinaria evoluzione e l'impatto sulle cucine e le culture che ha attraversato nel corso dei secoli.

Nel caleidoscopio delle tradizioni culinarie mediterranee, l'olio extravergine di oliva emerge come un tesoro millenario, intrecciato con le radici degli uliveti secolari che hanno dipinto il paesaggio della regione. Questo liquido dorato va oltre il suo ruolo di semplice condimento, rappresentando un profondo legame con le culture e le cucine dei popoli che hanno plasmato la storia. In questo capitolo inaugurale, ci addentriamo nel cuore delle origini e delle radici mediterranee dell'olio extravergine di oliva, seguendo il suo viaggio attraverso epoche e civiltà che hanno visto in esso non solo un elemento culinario, ma un intrinseco patrimonio culturale. Dai miti degli antichi Greci all'Impero Romano, dall'arte culinaria degli Egizi alla nascita della dieta mediterranea, ci immergiamo in una narrazione che svela il ruolo centrale di questo elisir di oliva nella storia e nella cultura del Mediterraneo.

1.1 Origini e radici mediterranee

Gli antichi greci: il dono di Atena Iniziamo il nostro viaggio nel mondo dell'antica Grecia, dove l'olio extravergine di oliva non era solo un elemento culinario, ma una benedizione divina. La leggenda narra che Atena, dea della saggezza, donò agli uomini l'ulivo, gesto che simboleggiava fertilità e saggezza. Da allora, l'olio ha permeato la vita quotidiana e le feste greche, diventando una componente essenziale della loro cultura culinaria.

I Romani: il condimento dell'Impero Ci spostiamo ai tempi dell'Impero Romano, dove l'olio extravergine di oliva divenne un condimento insostituibile nella cucina romana. La sua presenza si estende dalle tavole delle classi superiori alle cucine più umili, consolidando il suo status di condimento dell'Impero e diventando un tratto distintivo dei piatti romani.

Gli Egizi: l'olio per la bellezza e la nutrizione Rivolgiamo la nostra attenzione alla civiltà egizia, dove l'olio extravergine di oliva non è solo un elemento culinario ma assume un ruolo significativo nell'ambito della bellezza e della conservazione degli alimenti. Dai rituali di bellezza all'uso pratico nella preparazione del cibo, gli egizi hanno contribuito a plasmare la versatilità dell'olio.

4

Dieta Mediterranea: una sinergia perfetta Concludiamo questa esplorazione delle origini mediterranee dell'olio extravergine di oliva riflettendo sulla nascita della dieta mediterranea. Qui l'olio diventa il cuore pulsante di una cucina che esprime la ricchezza dei sapori, la varietà degli ingredienti e i benefici per la salute che caratterizzano questa tradizione alimentare.

1.2 Trasformazioni storiche

Attraverso le vene del tempo, l'olio extra vergine di oliva ha subito una serie di trasformazioni storiche che ne hanno plasmato la percezione e l'utilizzo. Questa sezione si propone di esplorare l'affascinante percorso dell'olio nel corso dei secoli, attraverso periodi di prosperità, trasformazioni sociali e sconvolgimenti culturali che ne hanno influenzato la produzione, il commercio e la presenza sulle tavole di tutto il mondo.

Dal Medioevo, quando l'olio extravergine di oliva è diventato una merce di scambio cruciale nei mercati mediterranei, fino ai tempi più recenti in cui la sua diffusione ha varcato i confini nazionali, stiamo assistendo a una metamorfosi che va oltre il suo ruolo originario in cucina. I cambiamenti nella produzione, la diffusione delle tecniche di coltivazione e l'espansione del commercio hanno forgiato una nuova prospettiva sull'olio extra vergine di oliva, trasformandolo da simbolo regionale ad ambasciatore globale della cultura culinaria mediterranea.

In questo viaggio attraverso le trasformazioni storiche, ci immergiamo nelle epoche della rinascita culturale, delle rivoluzioni industriali e delle sfide del mondo contemporaneo, per capire come l'olio extra vergine di oliva si sia adattato e abbracciato alle mutevoli dinamiche della storia umana.

Un'indagine che ci porterà a scoprire come questo elisir dorato sia riuscito a preservare la sua autenticità, pur mantenendo intatte le sue virtù culinarie e il suo intrinseco legame con le radici mediterranee.

1.3 Olio Extravergine di Oliva Oggi

Nell'odierno scenario gastronomico, l'olio extravergine di oliva si erge come protagonista indiscusso, mantenendo la sua posizione di prestigio nelle cucine di tutto il mondo. Questa sezione del nostro viaggio esplorativo mira a gettare uno sguardo approfondito sulla presenza e l'influenza dell'olio extravergine di oliva nella società contemporanea, esaminando il suo ruolo in un contesto globale e le nuove dinamiche che ne stanno plasmando la percezione.

Oggi, l'olio extravergine di oliva non è solo un ingrediente culinario, ma un emblema di uno stile di vita salutare e sostenibile. Le sue proprietà benefiche per la salute, ricche di antiossidanti e acidi grassi monoinsaturi, ne fanno un elemento cardine nella promozione di una dieta equilibrata. Il suo profilo aromatico, che varia in base alla varietà di olive e al terroir, è diventato oggetto di apprezzamento da parte di chef stellati e appassionati di cucina, contribuendo a ridefinire il concetto di alta gastronomia.

Il mercato dell'olio extravergine di oliva oggi è caratterizzato da una varietà senza precedenti: dalle produzioni locali artigianali alle grandi aziende produttrici, la scelta è ampia e variegata. Le tendenze emergenti evidenziano una crescente consapevolezza dei consumatori riguardo alla provenienza e alla qualità dell'olio, spingendo verso la ricerca di prodotti autentici e sostenibili.

La presenza dell'olio extravergine di oliva nell'era digitale ha ulteriormente amplificato il suo impatto. Le piattaforme online e i social media forniscono un terreno fertile per la condivisione di ricette, informazioni sulla produzione e recensioni, creando una comunità virtuale di appassionati e chef che esplorano le infinite possibilità di questo ingrediente.

In conclusione, l'olio extravergine di oliva oggi non è solo un elemento culinario, ma un ambasciatore di stili di vita sani e una testimonianza della ricca tradizione mediterranea. La sua presenza nelle cucine e sulle tavole di tutto il mondo è una celebrazione di autenticità, versatilità e sostenibilità, confermandolo come un vero e proprio tesoro culinario universale.

1.4 Significato Culturale

L'olio extravergine di oliva, custode di millenni di tradizioni e protagonista delle tavole mediterranee, è molto più di un semplice ingrediente. La sua essenza si intreccia con il tessuto stesso delle culture che ha attraversato, diventando un simbolo di identità e una testimonianza di connessioni profonde tra l'uomo e la terra.

La Culminazione di Storie e Tradizioni

Nel suo significato culturale, l'olio extravergine di oliva è la culminazione di storie tramandate di generazione in generazione. Ogni goccia rappresenta un capitolo nella storia di una comunità, un racconto di fatiche nei campi, di antiche tecniche di coltivazione, di rituali condivisi a tavola. Attraverso le sue sfumature, riflette le diverse identità delle regioni, contribuendo a preservare l'eredità culinaria e culturale di popoli che hanno imparato a valorizzare la terra e i suoi frutti.

Celebrazione della Convivialità e della Famiglia

Nelle culture mediterranee, l'olio extravergine di oliva è spesso al centro di momenti conviviali e familiari. La sua presenza è quasi rituale, unendo le persone intorno a tavole imbandite di piatti gustosi. La sua versatilità lo rende un compagno ideale per la condivisione, unendo famiglie e amici in un'esperienza culinaria che va al di là del semplice nutrirsi.

Simbolo di Salute e Longevità

Il significato culturale dell'olio extravergine di oliva si riflette anche nel suo ruolo come simbolo di salute e longevità. Le popolazioni del Mediterraneo, che hanno fatto dell'olio una componente fondamentale della loro dieta, sono spesso associate a uno stile di vita sano e a una maggiore aspettativa di vita. Questa connessione tra l'olio e la salute ha trasformato il suo consumo in un atto di cura verso il proprio benessere.

Ponti tra Passato e Presente

Oggi, l'olio extravergine di oliva agisce come un ponte tra il passato e il presente. In un mondo sempre più veloce e globalizzato, l'olio diventa un anello di congiunzione con le radici culturali. La scelta di un olio di qualità non è solo una decisione culinaria, ma un'affermazione di legame con le tradizioni e la cultura che l'hanno plasmato nel corso dei secoli.

In sintesi, il significato culturale dell'olio extravergine di oliva si dipana come una trama intricata, intessuta di storie, convivialità e salute. Ogni goccia è carica di significato, un viaggio attraverso il tempo che continua a plasmare e arricchire le culture in cui è radicato.

1.5 Anticipazioni sui Benefici e sul Gusto

L'olio extravergine di oliva è un autentico elisir che delizia non solo il palato ma anche la salute, un connubio perfetto tra gusto e benessere. Le anticipazioni sui benefici e sul gusto di questo liquido dorato suscitano un interesse crescente, portando alla luce le molteplici sfaccettature che rendono questo olio così prezioso e amato.

Dal punto di vista salutare, l'olio extravergine di oliva si distingue per la sua composizione ricca di antiossidanti e acidi grassi monoinsaturi. Questi elementi contribuiscono a ridurre l'infiammazione, migliorare i livelli di colesterolo e fornire un supporto prezioso al sistema cardiovascolare. L'antichità delle sue virtù benefiche si fonde con la moderna ricerca scientifica, confermando l'olio extravergine di oliva come un alleato fondamentale per la salute generale.

Ma non è solo una questione di benessere fisico; l'olio extravergine di oliva incanta anche il palato con la sua varietà di profumi e sapori. Dalle note fruttate alle sfumature erbacee, ogni varietà di olio porta con sé una storia unica, riflettendo il terroir e le tecniche di produzione. L'anticipazione del suo gusto coinvolge i sensi in un viaggio sensoriale, trasformando ogni assaggio in un'esperienza culinaria senza pari.

La cucina, arricchita dalla presenza dell'olio extravergine di oliva, si eleva a una nuova dimensione. Le sue sfumature aromatiche amplificano i sapori dei piatti, da una semplice insalata a piatti più complessi. La versatilità di questo olio lo rende adatto a molteplici preparazioni, dalla cottura al condimento finale, conferendo a ogni creazione un tocco di eleganza e autenticità.

Inoltre, l'olio extravergine di oliva è un elemento chiave della dieta mediterranea, nota per i suoi benefici per la salute e la longevità. Le anticipazioni sulla sua presenza nella cucina quotidiana alimentano la consapevolezza dei consumatori, spingendo verso scelte culinarie che non solo deliziano il palato ma contribuiscono anche a uno stile di vita sano.

Le anticipazioni sui benefici e sul gusto dell'olio extravergine di oliva gettano una luce brillante su un elemento che va oltre il concetto di semplice condimento. È un compagno di viaggio nella cucina e nella salute, una tradizione millenaria che continua a conquistare i cuori e i palati di tutto il mondo.

Capitolo 2: La Storia di un Eroe Culinario

Intrigante e avvincente, il capitolo sulla storia dell'olio extravergine di oliva ci conduce attraverso i secoli, rivelando le molteplici sfaccettature di questo eroe culinario. Nascosto tra gli uliveti secolari e custode di segreti tramandati di generazione in generazione, l'olio extravergine di oliva emerge come un protagonista indiscusso della storia gastronomica mondiale.

Il racconto inizia nei lontani meandri del tempo, dove l'olivo è stato coltivato e l'arte della produzione dell'olio è stata perfezionata dalle antiche civiltà mediterranee. I Greci, i Romani, gli Egizi: tutti hanno contribuito a plasmare la storia di questo liquido dorato, sia come condimento che come simbolo di benedizione divina.

Nella Grecia antica, l'olio extravergine di oliva era considerato un dono degli dei, simbolo di pace e prosperità. I miti raccontano dell'olivo donato da Atena, dea della saggezza, come una benedizione che ha portato fertilità e abbondanza nelle vite dei popoli greci. Nel contempo, i Romani ne facevano un condimento essenziale, e con la diffusione dell'Impero, l'olio extravergine di oliva si è diffuso come un'onda gastronomica che ha toccato diverse culture e regioni.

Gli Egizi, dal canto loro, hanno elevato l'olio extravergine di oliva a un livello superiore, utilizzandolo non solo nella cucina, ma anche nei rituali di bellezza e nei processi di conservazione alimentare. Il suo ruolo multifunzionale si è radicato nelle culture, trasformandolo da semplice ingrediente a elemento chiave della vita quotidiana.

Attraverso i secoli bui dell'Europa medievale, l'olio extravergine di oliva è rimasto un faro di luce nella gastronomia, una costante anche durante periodi di carestia e cambiamenti sociali. Le sue proprietà di conservazione e il suo gusto unico lo hanno reso un alleato prezioso nelle cucine di monasteri e corti nobiliari, contribuendo a mantenerne viva la tradizione anche nei momenti più difficili.

Con l'arrivo dell'età moderna, l'olio extravergine di oliva ha attraversato oceani e confini, portando con sé il suo aroma caratteristico. L'esplorazione delle Americhe e il commercio globale hanno diffuso questo tesoro culinario in terre lontane, influenzando la cucina e la cultura di diverse nazioni.

Nel contemporaneo panorama gastronomico, l'olio extravergine di oliva si presenta come un eroe della sostenibilità e della salute. Le sue proprietà antiossidanti e il suo ruolo chiave nella dieta mediterranea lo rendono un alleato fondamentale nella promozione di uno stile di vita sano.

In questo capitolo, la storia di questo eroe culinario si dipana come un affascinante racconto di avventure, scoperte e trasformazioni che abbracciano i secoli e le diverse culture del mondo. Immerso tra gli oliveti rigogliosi e nei frantoi antichi, l'olio extravergine di oliva diventa un testimone silenzioso di epoche in cui la sua presenza non solo arricchiva i piatti, ma contribuiva a definire intere civiltà.

Nella trama di questa storia affascinante emergono gli antichi Greci, che vedevano nell'olio extravergine di oliva un dono degli dei. La leggenda di Atena e dell'olivo ha gettato le fondamenta di una tradizione culinaria e simbolica che ha attraversato i secoli, portando con sé la ricchezza di sapori e il rispetto per la terra. I Romani, con la loro maestria culinaria, hanno amplificato il ruolo dell'olio, trasformandolo da semplice condimento a un'essenza inestimabile nelle cucine dell'Impero.

Gli Egizi hanno intrapreso un viaggio di scoperta, utilizzando l'olio extravergine di oliva non solo nei loro piatti ma anche nei rituali di bellezza e nei processi di conservazione alimentare. Questo liquido prezioso ha attraversato il tempo come un compagno fidato, illuminando le tavole durante l'oscurità del medioevo europeo e diventando una risorsa preziosa nei monasteri e nelle corti nobiliari.

Con l'era delle esplorazioni e del commercio globale, l'olio extravergine di oliva ha attraversato oceani e confini, portando i suoi aromi e sapori unici in terre lontane. Questo capitolo culinario si arricchisce di nuove sfaccettature, influenzando la cucina di terre appena scoperte e contribuendo a creare un dialogo gastronomico globale.

Nel mondo contemporaneo, l'olio extravergine di oliva si riafferma come un eroe della sostenibilità e della salute. La sua storia continua a intrecciarsi con le sfide e le opportunità del presente, incarnando l'essenza di una tradizione millenaria che si rinnova costantemente. Da un tesoro culinario ad un ambasciatore di stili di vita sani, l'olio extravergine di oliva perpetua il suo ruolo di protagonista in questa straordinaria epopea gastronomica che attraversa i secoli. La sua storia è una testimonianza di adattamento, di continuità e di un legame indissolubile con la tavola e la cultura di tutto il mondo.

2.1 Nascita e Crescita delle Piantagioni

Il racconto dell'olio extravergine di oliva inizia nei campi dove nascono e crescono gli ulivi, le piantagioni che hanno plasmato la storia di questo liquido prezioso. Le radici di questa storia affondano profondamente nel terreno fertile del Mediterraneo, dove le prime piantagioni di olivi hanno preso vita millenni fa.

Le antiche civiltà mediterranee, in particolare i Greci e i Romani, furono tra le prime a riconoscere il potenziale degli olivi per la produzione di olio. Le prime piantagioni, modellate dalle sapienti mani degli agricoltori, si estendevano a perdita d'occhio tra colline e valli. L'olivicoltura divenne ben presto una pratica essenziale, con i frutti degli ulivi che fornivano la materia prima per la creazione di un elisir d'oliva che avrebbe conquistato palati e culture.

Con il passare dei secoli, le piantagioni di olivi si sono diffuse oltre i confini del Mediterraneo. Dalle colline spagnole alle valli californiane, gli agricoltori hanno abbracciato la magia dell'olivo, coltivando piantagioni sempre più vaste. Le tecniche di coltivazione sono migliorate, dalla potatura curata alla gestione attenta del terreno, creando piantagioni che oggi sono vere e proprie opere d'arte agricole.

Le piantagioni moderne non sono solo il luogo dove crescono gli alberi d'olivo, ma sono diventate anche custodi della biodiversità e sostenibilità. Molte di esse adottano pratiche agricole che rispettano l'ambiente, privilegiando metodi di coltivazione biologici e sostenibili. In questo contesto, le piantagioni diventano una dimora per una vasta gamma di flora e fauna, contribuendo alla creazione di un ecosistema equilibrato.

La crescita delle piantagioni di olivi è anche una storia di innovazione. Le moderne tecniche di irrigazione, la selezione accurata delle varietà di olive e l'utilizzo di moderne attrezzature agricole hanno rivoluzionato il settore, permettendo la produzione di olio extravergine di oliva di altissima qualità su larga scala.

La nascita e la crescita delle piantagioni di olivi non sono solo la storia di campi lussureggianti, ma una testimonianza della connessione profonda tra l'uomo e la terra. Questi terreni sono il punto di origine di un percorso che trasforma frutti umili in un tesoro culinario, rendendo le piantagioni di olivi non solo campi agricoli, ma custodi della storia e dell'essenza dell'olio extravergine di oliva.

2.2 L'Antichità Greca e Romana

Il capitolo che ci immerge nell'antichità greca e romana rivela il ruolo fondamentale che l'olio extravergine di oliva ha giocato nella cucina e nella cultura di queste grandi civiltà. Nelle ombre degli oliveti mediterranei, la storia dell'olio si intreccia con le gesta degli antichi Greci e Romani, diventando un elemento imprescindibile delle loro vite quotidiane.

La Grecia Antica: L'Olio come Dono Divino

Nella Grecia antica, l'olio extravergine di oliva non era solo un condimento, ma un dono divino. La leggenda narra che Atena, dea della saggezza, donò agli uomini l'olivo, simbolo di fertilità e saggezza. Questo gesto divino ha dato vita a uno dei pilastri della cultura greca: l'olivicoltura. Gli oliveti si estendevano a perdita d'occhio, e l'olio divenne presto un elemento chiave nella cucina, nei rituali religiosi e nei giochi olimpici. La sua presenza onorava la tavola degli dei e arricchiva la vita quotidiana dei cittadini.

L'Impero Romano: Il Condimento dell'Impero

Con la diffusione dell'Impero Romano, l'olio extravergine di oliva consolidò il suo status di condimento dell'Impero. Ogni vittoria militare portava con sé bottini di ulivi e frutti d'olivo, diffondendo l'olivicoltura nei territori appena conquistati. L'olio divenne una presenza costante nelle cucine romane, dalle ricette delle classi nobili ai pasti più umili. La sua versatilità lo rendeva adatto a piatti dolci e salati, diventando un pilastro delle tavole dell'epoca.

In entrambe le civiltà, l'uso dell'olio extravergine di oliva andava oltre la cucina. Era un simbolo di ricchezza, status sociale e benessere. Gli antichi Greci e Romani avevano compreso non solo il suo valore culinario, ma anche le sue virtù nutrizionali e curative. L'olio extravergine di oliva divenne parte integrante delle loro usanze quotidiane, plasmando le abitudini alimentari e influenzando la salute della popolazione.

L'antichità greca e romana ci offre una visione affascinante di come l'olio extravergine di oliva sia stato un protagonista indiscusso nella creazione di una cultura culinaria che ha resistito al passare dei secoli. Dai frutteti antichi alle tavole imbandite, la sua storia in queste civiltà antiche è un tributo alla sua versatilità e al suo impatto duraturo sulla gastronomia e sulla vita quotidiana.

2.3 Rinascimento e Scoperte

Il Rinascimento segna un periodo di rinnovamento e fervente attività intellettuale in Europa, ma anche un'epoca in cui l'olio extravergine di oliva ha continuato a svolgere un ruolo di primaria importanza nella gastronomia e nella cultura. Parallelamente, l'era delle grandi scoperte geografiche ha aperto nuovi orizzonti per la diffusione di questo tesoro culinario, portandolo oltre i confini del Mediterraneo.

Il Rinascimento: Olio come Arte e Sapere

Nel cuore del Rinascimento, la cucina divenne un'arte raffinata e l'olio extravergine di oliva, con la sua versatilità e ricchezza di sapori, fu al centro di questa rivoluzione culinaria. I cuochi rinascimentali esplorarono nuove tecniche e abbinamenti, rendendo l'olio una componente essenziale delle loro creazioni gastronomiche. Dipinti e manoscritti dell'epoca ritraggono tavole imbandite con piatti in cui l'olio svolgeva un ruolo fondamentale, incarnando il connubio tra arte e gastronomia.

La diffusione di ricette innovative e l'apprezzamento per le sottili sfumature aromatiche dell'olio extravergine di oliva contribuirono a plasmare il palato europeo. Le corti nobiliari e gli ambienti raffinati divennero centri di sperimentazione culinaria, con l'olio a fungere da ponte tra la tradizione mediterranea e le nuove frontiere della cucina.

Le Grandi Scoperte: Oltre i Confini del Mediterraneo

Con l'inizio delle grandi scoperte geografiche, l'olio extravergine di oliva intraprese un viaggio epico attraverso oceani e terre sconosciute. Le navi cariche di botti d'olio solcarono gli oceani, portando con sé il sapore caratteristico del Mediterraneo in luoghi lontani. Questo viaggio non solo allargò i confini dell'olivicoltura, ma influenzò anche le tradizioni culinarie di nuove civiltà.

In terre come il Nuovo Mondo, l'olio extravergine di oliva si adattò alle nuove realtà ambientali e divenne parte integrante delle cucine locali. Questa fusione di tradizioni culinarie contribuì a creare un patrimonio gastronomico unico, in cui l'olio extravergine di oliva si affermò come elemento unificante, collegando vecchio e nuovo mondo attraverso il linguaggio universale del cibo.

Il Rinascimento e l'era delle grandi scoperte hanno rappresentato una fase di espansione e arricchimento per l'olio extravergine di oliva. Da condimento a protagonista nelle creazioni culinarie dell'epoca, questo periodo ha segnato una tappa cruciale nella storia dell'olio, trasformandolo da elemento regionale a un tesoro gastronomico globale.

2.4 Guerre e Rationing

In un capitolo segnato dalle tenebre della guerra, l'olio extravergine di oliva ha continuato a giocare un ruolo cruciale, sia come risorsa alimentare che come simbolo di resistenza. Durante periodi di conflitto e razionamento, questo liquido prezioso ha dimostrato la sua resilienza, mantenendo vive le tradizioni culinarie e sostenendo la salute delle popolazioni colpite dalla guerra.

Le Guerre Mondiali: Olio come Fonte Nutrizionale

Durante entrambe le Guerre Mondiali, l'olio extravergine di oliva divenne una risorsa preziosa, poiché molte nazioni cercarono di compensare la scarsità di altri grassi e oli. La sua disponibilità limitata durante i periodi di guerra portò molte persone a fare affidamento sull'olio di oliva come fonte nutrizionale essenziale. La sua presenza nelle diete quotidiane non solo fornì sostentamento, ma anche una boccata di sapore e nutrimento in tempi difficili.

Negli anni della Seconda Guerra Mondiale, molte famiglie facevano crescere i propri olivi nei cortili di casa o in piccoli appezzamenti di terra, cercando di garantire una fonte costante di olio. Questa pratica, spesso intrapresa con sacrificio, testimonia il valore culturale e nutrizionale attribuito all'olio extravergine di oliva anche nelle condizioni più avverse.

Rationing e Creatività in Cucina

Il razionamento durante la guerra impose restrizioni sulla disponibilità di molti alimenti, ma l'olio extravergine di oliva dimostrò di essere un alleato prezioso. La sua versatilità lo rese un elemento chiave nelle cucine di quegli anni, poiché poteva essere utilizzato per arricchire piatti poveri di altri ingredienti. Le famiglie impararono a sfruttare al massimo ogni goccia di olio, trasformandolo in una risorsa multifunzionale per cucinare e condire.

La creatività in cucina fiorì durante questi periodi di razionamento, con cuochi e casalinghe che idearono ricette inventive per soddisfare il palato e mantenere un equilibrio nutrizionale. L'olio extravergine di oliva, con il suo sapore distintivo, contribuì a rendere appetibili anche i piatti più semplici.

In definitiva, il periodo delle guerre e del razionamento è una tappa significativa nella storia dell'olio extravergine di oliva. Attraverso tempi difficili, questo ingrediente si rivelò una risorsa fondamentale, sostenendo la nutrizione e mantenendo viva la tradizione culinaria anche nei momenti di privazione. La sua presenza nelle cucine di guerra è un tributo alla sua versatilità e importanza nella vita quotidiana delle persone.

2.5 Olio Extravergine di Oliva nel XXI Secolo

Il XXI secolo ha visto l'olio extravergine di oliva emergere come un'icona globale della gastronomia salutare, sostenibile e di alta qualità. In un'epoca segnata dalla ricerca del benessere e dalla consapevolezza ambientale, questo prezioso liquido dorato ha conquistato cuori e palati in tutto il mondo, contribuendo a ridefinire i parametri della cucina contemporanea.

Salute e Benessere

Il nuovo millennio ha assistito a una crescente consapevolezza dell'importanza di uno stile di vita sano e di una dieta equilibrata, e l'olio extravergine di oliva si è affermato come uno degli ambasciatori di questa filosofia. Studi scientifici hanno confermato i suoi molteplici benefici per la salute, da proprietà antiossidanti a effetti positivi sul sistema cardiovascolare. La ricchezza di acidi grassi monoinsaturi e polifenoli ha reso l'olio extravergine di oliva un elemento chiave nelle diete mediterranee, associate a una maggiore longevità e a una ridotta incidenza di malattie croniche.

La sua versatilità in cucina, dalla cottura al condimento, ha contribuito a rendere la dieta mediterranea, ricca di olio extravergine di oliva, una scelta sempre più popolare in tutto il mondo. Chef stellati e appassionati di cucina lo considerano un ingrediente imprescindibile, non solo per il suo sapore distintivo, ma anche per la sua capacità di elevare la qualità nutrizionale delle pietanze.

Sostenibilità Ambientale

Nel contesto delle crescenti preoccupazioni ambientali, l'olio extravergine di oliva si è distinto anche per le sue pratiche agricole sostenibili. Molte aziende agricole si sono impegnate a coltivare olivi secondo metodi biologici, riducendo l'impatto ambientale e preservando la biodiversità nelle piantagioni. L'olivicoltura sostenibile non solo contribuisce alla conservazione dell'ambiente, ma produce anche olio di alta qualità che rispecchia il terroir e la varietà delle olive.

Globalizzazione e Innovazione

La globalizzazione ha portato l'olio extravergine di oliva ad attraversare confini e adattarsi a nuove culture culinarie. Le varietà di olio da diverse regioni del mondo sono ora disponibili nei mercati internazionali, consentendo agli appassionati di scoprire la vasta gamma di sapori e profumi che questo ingrediente può offrire. Allo stesso tempo, l'innovazione nel settore ha introdotto nuove tecniche di produzione e nuove varietà di olive, ampliando ulteriormente la gamma di scelte per i consumatori.

Nel XXI secolo l'olio extravergine di oliva si erge come un simbolo di salute, sostenibilità e diversità culinaria. La sua storia millenaria si fonde con le esigenze e le tendenze contemporanee, continuando a essere un elemento chiave nella cucina globale e nell'adozione di stili di vita salutari. La sua evoluzione riflette la sua capacità di adattarsi ai tempi, rimanendo al contempo ancorato alle radici della sua ricca tradizione.

Capitolo 3: Benefici per la Salute, con 10 ricette per ridurre il rischio di patologie cardiovascolari

Il capitolo sui benefici per la salute dell'olio extravergine di oliva si apre con un'analisi approfondita degli acidi grassi monoinsaturi, un elemento chiave di questo prezioso liquido dorato.

Gli acidi grassi monoinsaturi, con l'acido oleico come rappresentante principale, giocano un ruolo cruciale nei benefici per la salute associati all'olio extravergine di oliva. La loro caratteristica principale è la presenza di un solo legame doppio nella catena carboniosa, conferendo loro un'importante valenza nutrizionale.

Uno dei punti salienti è il loro impatto positivo sui livelli di colesterolo. Gli acidi grassi monoinsaturi contribuiscono a ridurre il colesterolo LDL, noto come "colesterolo cattivo", mentre preservano e talvolta aumentano il colesterolo HDI, denominato "colesterolo buono". Questo effetto benefico sulla lipidemia sanguigna è cruciale per la prevenzione delle malattie cardiovascolari.

Il capitolo esplora dettagliatamente come questi acidi grassi migliorano la salute cardiovascolare. La capacità di ridurre l'infiammazione, migliorare la flessibilità delle arterie e prevenire la formazione di coaguli rappresenta un elemento chiave nella prevenzione di patologie come l'aterosclerosi, riducendo significativamente il rischio di malattie cardiache.

Il segmento sottolinea l'importanza pratica degli acidi grassi monoinsaturi nella promozione del benessere cardiovascolare.

10 Ricette

1. Insalata Mediterranea:
- Ingredienti: Pomodori, cetrioli, olive nere, feta, cipolla rossa, prezzemolo.
- Condimento: Olio extravergine di oliva, succo di limone, sale, pepe.
- Preparazione: Taglia tutti gli ingredienti a cubetti, condisci con olio, limone, sale e pepe.
- Tempi di cottura: Nessuno.
- Valori nutrizionali: Ricca di fibre, vitamine e antiossidanti, con acidi grassi monoinsaturi.

2. Bruschette all'Aglio e Pomodoro:
- Ingredienti: Pane integrale, pomodoro, aglio.
- Condimento: Olio extravergine di oliva, basilico, sale.
- Preparazione: Tosta il pane, strofina l'aglio, aggiungi pomodoro a cubetti, basilico e olio.
- Tempi di cottura: 5-7 minuti.
- Valori nutrizionali: Buona fonte di fibre, vitamine e acidi grassi monoinsaturi.

3. Salmone alla Griglia:
- Ingredienti: Filetto di salmone.

- Condimento: Olio extravergine di oliva, succo di limone, erbe aromatiche.

- Preparazione: Spennella il salmone con olio e erbe, griglia fino a cottura desiderata.

- Tempi di cottura: 10-15 minuti.

- Valori nutrizionali: Ricco di omega-3, proteine e acidi grassi monoinsaturi.

4. Pasta al Pesto di Basilico:
- Ingredienti: Pasta integrale, basilico, pinoli, formaggio Parmigiano, aglio.

- Condimento: Olio extravergine di oliva.

- Preparazione: Frulla basilico, pinoli, Parmigiano, aglio e olio per il pesto; mescola con la pasta cotta.

- Tempi di cottura: 10-12 minuti.

- Valori nutrizionali: Proteine, fibre e acidi grassi monoinsaturi.

5. Caponata Siciliana:
- Ingredienti: Melanzane, pomodoro, sedano, olive, capperi.

- Condimento: Olio extravergine di oliva.

- Preparazione: Sauté le verdure, aggiungi pomodoro, olive, capperi e cuoci finché tenere.

- Tempi di cottura: 25-30 minuti.

- Valori nutrizionali: Fibre, antiossidanti e acidi grassi monoinsaturi.

6. Pollo alle Erbe con Verdure al Forno:
- Ingredienti: Petto di pollo, verdure miste.

- Condimento: Olio extravergine di oliva, erbe aromatiche, aglio.

- Preparazione: Condisci il pollo e le verdure con olio e erbe, cuoci al forno.

- Tempi di cottura: 30-35 minuti.

- Valori nutrizionali: Proteine magre e acidi grassi monoinsaturi.

7. Couscous con Verdure Grigliate:
- Ingredienti: Couscous, zucchine, pomodori, peperoni.

- Condimento: Olio extravergine di oliva, succo di limone, menta.

- Preparazione: Cuoci il couscous, griglia le verdure e condisci con olio, limone e menta.

- Tempi di cottura: 15-20 minuti.

- Valori nutrizionali: Carboidrati, fibre e acidi grassi monoinsaturi.

8. Quinoa alla Mediterranea:
- Ingredienti: Quinoa, pomodori secchi, olive, feta.

- Condimento: Olio extravergine di oliva, origano, pepe.

- Preparazione: Cuoci la quinoa, aggiungi pomodori secchi, olive, feta e condisci.

- Tempi di cottura: 15-20 minuti.

- Valori nutrizionali: Proteine, fibre e acidi grassi monoinsaturi.

9. Sformato di Verdure:

- Ingredienti: Melanzane, zucchine, pomodori.

- Condimento: Olio extravergine di oliva, formaggio grattugiato.

- Preparazione: Affetta le verdure, strato dopo strato, condisci e cuoci al forno.

- Tempi di cottura: 35-40 minuti.

- Valori nutrizionali: Fibre, vitamine e acidi grassi monoinsaturi.

10. Braciola di Maiale con Salsa al Rosmarino:

Ingredienti: Braciola di maiale. - Condimento: Olio extravergine di oliva, rosmarino, aglio. - Preparazione: Condisci la braciola con olio, rosmarino e aglio, cuoci fino a cottura desiderata. - Tempi di cottura: 25-30 minuti. - Valori nutrizionali: Proteine e acidi grassi monoinsaturi.

Queste ricette, preparate con olio extravergine di oliva, offrono un mix equilibrato di nutrienti e sapore, promuovendo una dieta che supporta la salute cardiovascolare.

3.1 Acidi Grassi Monoinsaturi

Gli acidi grassi monoinsaturi costituiscono una parte significativa dell'olio extravergine di oliva, rivelandosi fondamentali per i molteplici benefici che questo prezioso liquido apporta alla salute. L'acido oleico, principale rappresentante di questa categoria, emerge come elemento cruciale nella promozione del benessere generale del corpo.

La caratteristica distintiva degli acidi grassi monoinsaturi è la presenza di un singolo legame doppio nella catena carboniosa. Questo aspetto chimico conferisce loro una notevole importanza nutrizionale, contribuendo in modo sostanziale alla salute lipidica e cardiovascolare.

Il ruolo di questi acidi grassi nella regolazione dei livelli di colesterolo è ampiamente riconosciuto. L'acido oleico, in particolare, si distingue per la sua capacità di abbassare il colesterolo LDL, noto come "colesterolo cattivo", e contemporaneamente preservare o aumentare il colesterolo HDL, comunemente denominato "colesterolo buono". Questa azione benefica svolge un ruolo chiave nella prevenzione delle malattie cardiovascolari, riducendo il rischio di aterosclerosi e promuovendo la salute delle arterie.

Gli effetti positivi degli acidi grassi monoinsaturi vanno oltre la semplice gestione del profilo lipidico. La loro capacità di ridurre l'infiammazione nel corpo è un elemento chiave nella prevenzione di malattie croniche e cardiovascolari. Inoltre, questi acidi grassi mostrano proprietà antitrombotiche, contribuendo a mantenere una fluidità adeguata del sangue e riducendo il rischio di coaguli.

Un aspetto degno di nota è che gli acidi grassi monoinsaturi, come parte integrante dell'olio extravergine di oliva, rappresentano una scelta culinaria gustosa e versatile. La loro presenza in molte ricette della cucina mediterranea, come condimento per insalate, antipasti o piatti principali, permette di godere dei benefici per la salute senza rinunciare al piacere del gusto.

Gli acidi grassi monoinsaturi, e in particolare l'acido oleico, sono veri e propri alleati per la salute. La loro inclusione regolare nella dieta attraverso l'olio extravergine di oliva offre una via nutrizionale efficace per mantenere un sistema cardiovascolare sano, sottolineando l'importanza di scelte alimentari consapevoli per il benessere a lungo termine.

3.2 Antiossidanti e Proprietà Anti-infiammatorie

Approfondire il ruolo degli antiossidanti nell'olio extravergine di oliva ci conduce in un territorio in cui la scienza e la tradizione si intrecciano, delineando un panorama ricco di benefici per la salute. Gli antiossidanti, presenti in abbondanza in questo liquido dorato, costituiscono un aspetto fondamentale della sua valenza nutrizionale e del suo impatto positivo sul corpo umano.

La funzione principale degli antiossidanti è quella di contrastare lo stress ossidativo, un processo che può danneggiare le cellule e contribuire allo sviluppo di malattie croniche. Nel contesto dell'olio extravergine di oliva, i polifenoli rappresentano una classe di antiossidanti particolarmente potenti. Questi composti bioattivi, presenti in quantità significative nell'olio, svolgono un ruolo cruciale nel proteggere le cellule dai danni causati dai radicali liberi, sostanze instabili che possono danneggiare il DNA e accelerare il processo di invecchiamento.

La capacità degli antiossidanti di contrastare l'infiammazione è un altro aspetto rilevante per la salute generale. L'infiammazione cronica è stata associata a numerose patologie, tra cui malattie cardiache, diabete e disturbi neurodegenerativi. Gli antiossidanti contenuti nell'olio extravergine di oliva agiscono come veri e propri "spazzini" cellulari, neutralizzando i radicali liberi e riducendo così l'infiammazione a livello cellulare.

È interessante notare che gli effetti antiossidanti dell'olio extravergine di oliva si inseriscono in un contesto più ampio della dieta mediterranea, caratterizzata da un'elevata presenza di alimenti ricchi di antiossidanti. Questa dieta, che pone l'olio d'oliva come pilastro centrale, è stata associata a una serie di benefici per la salute, compresa la longevità e la riduzione del rischio di malattie croniche.

L'inclusione di olio extravergine di oliva nella dieta quotidiana offre quindi un duplice vantaggio: da un lato, fornisce al corpo una difesa contro lo stress ossidativo, preservando l'integrità cellulare, e dall'altro, contribuisce a mantenere un ambiente corporeo meno incline all'infiammazione.

Esplorare il ruolo degli antiossidanti nell'olio extravergine di oliva ci consente di apprezzare la complessità di questo elisir d'oliva. La combinazione di tradizioni culinarie millenarie e scoperte scientifiche moderne ci offre una prospettiva completa su come questo ingrediente possa non solo arricchire il palato ma anche preservare la nostra salute a livello cellulare, rafforzando l'idea che il tesoro di benefici contenuti nell'olio extravergine di oliva va ben oltre il gusto.

3.3 Riduzione del Colesterolo

Esplorare il ruolo dell'olio extravergine di oliva nella riduzione del colesterolo ci conduce in un viaggio attraverso gli intricati meccanismi di questa sostanza preziosa e il suo impatto sulla salute lipidica. Questa sezione offre uno sguardo approfondito su come il consumo moderato di olio extravergine di oliva possa svolgere un ruolo significativo nella gestione dei livelli di colesterolo, aprendo prospettive interessanti nel campo della nutrizione e della prevenzione delle malattie cardiovascolari.

Il colesterolo, una sostanza lipidica essenziale per il corpo umano, assume una connotazione critica quando i suoi livelli diventano eccessivi, aumentando il rischio di malattie cardiache. In questo contesto, l'olio extravergine di oliva emerge come un alleato prezioso. Gli acidi grassi monoinsaturi, con l'acido oleico in testa, agiscono in modo benefico sul profilo lipidico, influenzando direttamente la quantità di colesterolo presente nel sangue.

Uno degli aspetti chiave è la capacità degli acidi grassi monoinsaturi di ridurre il cosiddetto "colesterolo cattivo" o LDL (low-density lipoprotein). Numerose ricerche scientifiche hanno dimostrato che l'olio extravergine di oliva può contribuire a mantenere i livelli di LDL entro limiti accettabili, proteggendo così le arterie da depositi di grasso nocivi che possono portare a condizioni cardiovascolari.

Ma la magia dell'olio d'oliva non si ferma qui. La sua influenza positiva si estende anche al "colesterolo buono" o HDL (high-density lipoprotein), che svolge un ruolo chiave nella rimozione del colesterolo in eccesso dalle arterie. L'olio extravergine di oliva, con la sua combinazione di antiossidanti e acidi grassi benefici, contribuisce a mantenere livelli adeguati di HDL, stabilizzando così l'equilibrio lipidico.

Va sottolineato che questi effetti benefici si manifestano soprattutto quando l'olio extravergine di oliva è integrato in una dieta complessivamente sana e bilanciata. La dieta mediterranea, in cui l'olio d'oliva gioca un ruolo centrale, ha dimostrato nel tempo di favorire la salute del cuore e di contribuire alla riduzione del rischio di malattie cardiache.

La panoramica dettagliata su come il consumo moderato di olio extravergine di oliva influenzi positivamente i livelli di colesterolo ci offre una chiara prospettiva sulla versatilità di questo ingrediente nella promozione della salute cardiovascolare. L'integrazione consapevole di olio extravergine di oliva in una dieta equilibrata può rappresentare una strategia gustosa ed efficace per mantenere il colesterolo sotto controllo e preservare la salute del cuore nel lungo termine.

3.4 Benefici per il Cervello e la Salute Mentale

Il legame tra il consumo di olio extravergine di oliva e la salute cognitiva ci apre a un campo di ricerca affascinante, in cui la tradizione culinaria si fonde con scoperte scientifiche sempre più intriganti. Questa sezione offre uno sguardo ampio sui benefici che questo elisir d'oliva può portare al cervello e alla salute mentale, delineando un quadro che va oltre il piacere del gusto per abbracciare aspetti cruciali del benessere umano.

Il cervello, come organo complesso e fondamentale del corpo umano, beneficia in modo significativo dal consumo regolare di olio extravergine di oliva. Gli acidi grassi monoinsaturi, in particolare l'acido oleico, rappresentano una componente chiave che svolge un ruolo fondamentale nella salute cerebrale. Questi acidi grassi contribuiscono alla struttura delle membrane cellulari, facilitano la trasmissione nervosa e, in generale, forniscono il supporto necessario per mantenere il cervello in salute.

Un aspetto degno di nota è il ruolo degli antiossidanti nell'olio extravergine di oliva nel proteggere il cervello dall'azione dannosa dei radicali liberi. Questi composti bioattivi contribuiscono a ridurre lo stress ossidativo nel cervello, che è stato associato a processi neurodegenerativi e al declino cognitivo legato all'età.

Al di là degli aspetti nutrizionali, l'olio extravergine di oliva si inserisce in un contesto più ampio di uno stile di vita salutare, come quello della dieta mediterranea. Questa dieta, nota per il suo impatto positivo sulla salute cardiaca, ha dimostrato anche di essere benefica per la funzione cerebrale. La presenza di olio d'oliva nella dieta è stata collegata a una riduzione del rischio di disturbi cognitivi e malattie neurodegenerative, sottolineando l'importanza di una prospettiva olistica sulla salute.

Oltre a influenzare il cervello, l'olio extravergine di oliva sembra avere anche effetti positivi sulla salute mentale. Studi hanno suggerito che l'inclusione di questo olio nella dieta può essere associata a una riduzione del rischio di depressione e a un miglioramento generale del benessere emotivo.

L'approfondimento del legame tra il consumo di olio extravergine di oliva e la salute cognitiva rivela un quadro complesso e promettente. Questo elisir d'oliva, con la sua combinazione di acidi grassi salutari e antiossidanti, non solo aggiunge un tocco di eccellenza alla cucina, ma si configura come un alleato prezioso per la protezione del cervello e la promozione della salute mentale. Integrare consapevolmente l'olio extravergine di oliva nella dieta quotidiana potrebbe rappresentare un passo avanti per il benessere complessivo, alimentando non solo il corpo ma anche la mente.

3.5 Prevenzione di Malattie Croniche

L'olio extravergine di oliva, con la sua ricchezza di nutrienti e proprietà benefiche, si rivela un autentico alleato nella promozione di una salute complessiva, con particolare attenzione alla prevenzione di malattie croniche. Questo prezioso liquido, fondamentale nella dieta mediterranea, è molto più di un condimento per piatti gustosi; è un elemento chiave che contribuisce alla difesa del nostro organismo contro molteplici patologie.

La prevenzione delle malattie croniche è diventata una priorità nella salute pubblica, e l'olio extravergine di oliva emerge come un potente strumento in questa lotta. La sua composizione unica, caratterizzata dagli acidi grassi monoinsaturi, particolarmente dall'acido oleico, gioca un ruolo cruciale nella gestione dei fattori di rischio associati a patologie come le malattie cardiache e il diabete.

Il cuore, motore vitale del nostro corpo, trae beneficio direttamente dal consumo regolare di olio extravergine di oliva. Gli acidi grassi monoinsaturi contribuiscono alla riduzione del colesterolo LDL, proteggendo le arterie e riducendo il rischio di aterosclerosi. Inoltre, gli antiossidanti presenti nell'olio extravergine di oliva contrastano lo stress ossidativo, un processo associato all'infiammazione cronica e al deterioramento delle cellule, fornendo così una difesa preziosa contro le malattie cardiache.

La prevenzione del diabete, un'altra malattia cronica in aumento, è anch'essa influenzata positivamente dall'olio extravergine di oliva. Gli studi indicano che l'assunzione di acido oleico può migliorare la sensibilità all'insulina, contribuendo a mantenere livelli di zucchero nel sangue stabili e riducendo il rischio di sviluppare il diabete di tipo 2.

L'azione protettiva dell'olio extravergine di oliva non si ferma qui. La sua capacità di modulare l'infiammazione, in gran parte grazie agli antiossidanti, si riflette nella prevenzione di malattie infiammatorie croniche come l'artrite reumatoide e altre condizioni autoimmuni.

L'inclusione regolare di olio extravergine di oliva nella dieta si collega anche alla prevenzione del cancro. Gli antiossidanti e i composti fenolici presenti nell'olio possono contrastare la formazione di radicali liberi e proteggere le cellule da danni che potrebbero innescare il processo cancerogeno.

In sintesi, l'olio extravergine di oliva si distingue come un alleato prezioso nella prevenzione di malattie croniche. La sua influenza positiva su cuore, diabete, infiammazione e cancro pone questo elisir d'oliva come un elemento centrale nella promozione di una salute complessiva. Integrare consapevolmente l'olio extravergine di oliva nella nostra alimentazione quotidiana è un gesto che va oltre il gusto, diventando un atto di cura per il nostro benessere a lungo termine.

Capitolo 4: Consumo Moderato e Digestione

Il consumo moderato di olio extravergine di oliva rappresenta una delle chiavi fondamentali per sfruttare al meglio i suoi numerosi benefici senza eccessi. In questo capitolo, esploreremo come la moderazione nel consumo di questo prezioso liquido non solo preserva la sua efficacia, ma può anche influire positivamente sulla digestione.

La moderazione è la chiave di volta per molte pratiche alimentari benefiche, e il caso dell'olio extravergine di oliva non fa eccezione. Utilizzare con parsimonia questo tesoro dorato non solo permette di apprezzarne appieno il sapore, ma contribuisce anche a mantenere un equilibrio nella dieta. Gli acidi grassi monoinsaturi e gli antiossidanti presenti nell'olio d'oliva svolgono il loro ruolo ottimale quando integrati con saggezza nella routine alimentare.

Il consumo moderato di olio extravergine di oliva può influire positivamente sulla digestione, un processo fondamentale per l'assimilazione dei nutrienti. Gli acidi grassi monoinsaturi presenti nell'olio contribuiscono a lubrificare il tratto digestivo, agevolando il passaggio degli alimenti e riducendo il rischio di disturbi digestivi.

Inoltre, l'olio extravergine di oliva è noto per stimolare la produzione di bile da parte della cistifellea. Questo è un punto cruciale per la digestione dei grassi, poiché la bile emulsiona i lipidi, facilitando la loro scomposizione da parte degli enzimi digestivi. Una digestione più efficiente non solo assicura un assorbimento ottimale dei nutrienti, ma riduce anche il rischio di disturbi gastrointestinali.

Per godere appieno dei benefici dell'olio extravergine di oliva in termini di digestione, è consigliabile adottare alcune pratiche:

- Utilizzare l'olio come condimento: Aggiungere una spruzzata di olio su insalate, verdure o piatti cotti è un modo delizioso per incorporarlo nella dieta senza eccedere.

- Bilanciare le porzioni: Una moderata quantità di olio è sufficiente per arricchire i piatti di sapore e nutrienti. Evitare eccessi è essenziale per mantenere l'equilibrio calorico.

- Varietà nell'uso: Sperimentare con diversi tipi di olio extravergine di oliva può offrire una gamma di sapori e aromi, permettendo di apprezzare la sua versatilità in cucina.

In conclusione, il capitolo sul consumo moderato e la digestione evidenzia l'importanza di un approccio equilibrato nell'integrare l'olio extravergine di oliva nella dieta. La saggezza nella quantità unita ai benefici digestivi di questo elisir d'oliva contribuisce a una cucina saporita e alla salute del tratto digestivo.

Capitolo 4.1: Quantità Consigliate

Una delle chiavi per sfruttare appieno i benefici dell'olio extravergine di oliva è aderire a quantità consigliate che garantiscano l'ottimizzazione dei suoi effetti positivi senza introdurre eccessive calorie nella dieta. Questo capitolo esplorerà le linee guida per un consumo ragionevole, aiutando a definire il giusto equilibrio tra godimento e benessere.

La moderazione nel consumo di olio extravergine di oliva è la chiave per una cucina sana e gustosa. In termini pratici, una quantità ragionevole si aggira intorno a una o due cucchiai al giorno per un adulto medio. Questo permette di apprezzare appieno il suo sapore unico e i suoi nutrienti senza eccedere nelle calorie.

La quantità consigliata può variare in base a diversi fattori, tra cui età, livello di attività fisica, e obiettivi di salute. Ad esempio, atleti o persone con un fabbisogno calorico più elevato possono permettersi di integrare una quantità leggermente maggiore di olio extravergine di oliva nella loro dieta.

È importante considerare l'olio extravergine di oliva come parte integrante di un equilibrio generale tra i grassi nella dieta. Mentre fornisce acidi grassi monoinsaturi salutari, è consigliabile bilanciare il consumo complessivo di grassi, includendo anche fonti di acidi grassi polinsaturi e grassi saturi.

Integrare l'olio extravergine di oliva nelle preparazioni culinarie è un modo pratico per rispettare le quantità consigliate. Utilizzarlo come condimento per insalate, verdure, e piatti principali aggiunge sapore e valore nutrizionale senza eccessi calorici.

Poiché l'olio extravergine di oliva è denso dal punto di vista calorico, è fondamentale monitorare l'assorbimento calorico complessivo, soprattutto per coloro che seguono diete specifiche o hanno obiettivi di gestione del peso.

In conclusione, questo capitolo fornisce una panoramica delle quantità consigliate di olio extravergine di oliva, evidenziando l'importanza della moderazione per ottenere i massimi benefici senza eccessi calorici. Intendiamo fornire orientamenti pratici che permettano a chiunque di integrare saggiamente questo prezioso elisir nella propria dieta, godendo appieno dei suoi doni per la salute.

4.2: Rischi del Consumo Eccessivo

Mentre l'olio extravergine di oliva offre una serie di benefici per la salute quando consumato con moderazione, è cruciale comprendere i potenziali rischi associati al consumo eccessivo. Questo capitolo esplorerà le sfide legate a una quantità sproporzionata di olio extravergine di oliva nella dieta e fornirà linee guida per evitare effetti indesiderati.

Uno dei rischi principali legati al consumo eccessivo di olio extravergine di oliva è l'introito calorico eccessivo. Poiché l'olio è denso di calorie, un consumo spropositato può contribuire a un surplus calorico, mettendo a rischio la gestione del peso corporeo. Coloro che cercano di mantenere o raggiungere un peso sano dovrebbero considerare attentamente la quantità di olio consumata.

Nonostante gli acidi grassi monoinsaturi presenti nell'olio extravergine di oliva siano associati a benefici per il profilo lipidico, il consumo eccessivo potrebbe portare a un aumento complessivo dell'apporto lipidico. Questo può influenzare negativamente i livelli di colesterolo e compromettere gli sforzi per mantenere la salute cardiaca.

Un consumo eccessivo di olio extravergine di oliva potrebbe, in alcuni casi, causare disturbi gastrointestinali. L'alto contenuto di grassi nell'olio potrebbe sovraccaricare il sistema digestivo, causando sintomi come bruciore di stomaco o diarrea. È importante essere consapevoli delle proprie reazioni individuali e regolare il consumo di conseguenza.

Individui con condizioni di salute specifiche, come la malattia della cistifellea o problemi digestivi preesistenti, potrebbero essere più

43

sensibili agli effetti del consumo eccessivo di olio extravergine di oliva. In tali casi, è consigliabile consultare un professionista della salute per valutare la quantità appropriata da consumare.

Un consumo eccessivo di olio extravergine di oliva potrebbe portare a un disequilibrio nutrizionale se non bilanciato con altri nutrienti essenziali. È importante integrare una varietà di fonti di grassi nella dieta per garantire una copertura completa degli acidi grassi necessari.

I rischi del consumo eccessivo di olio extravergine di oliva sottolinea l'importanza di una moderazione consapevole. Considerare attentamente le quantità consumate aiuta a godere dei benefici senza incorrere in effetti indesiderati. Un approccio equilibrato e attento alla dieta è fondamentale per mantenere il benessere generale e garantire che l'olio extravergine di oliva continui a essere un alleato prezioso nella promozione della salute.

4.3: Integrare nell'Alimentazione

Integrare correttamente l'olio extravergine di oliva nell'alimentazione è una componente chiave per massimizzarne i benefici senza incorrere nei rischi associati al consumo eccessivo. Questo capitolo esplorerà strategie pratiche per incorporare saggiamente questo elisir d'oliva nella dieta quotidiana, garantendo una cucina gustosa e nutriente.

Una delle modalità più comuni e salutari per integrare l'olio extravergine di oliva è utilizzarlo come condimento. Aggiungere una spruzzata di olio su insalate, verdure cotte o piatti principali non solo amplifica il sapore, ma apporta anche una ricchezza di acidi grassi monoinsaturi e antiossidanti.

L'olio extravergine di oliva è particolarmente adatto per la cottura a bassa temperatura. Utilizzare questo olio per rosolare o cuocere a fuoco lento aiuta a preservare le sue proprietà nutrizionali senza comprometterne la struttura molecolare. Evitare alte temperature e fritture prolungate per mantenere intatti i benefici.

Esplorare diverse varietà di olio extravergine di oliva offre un'opportunità per apprezzare la complessità di sapori e aromi. Oli provenienti da olive diverse possono offrire profili gustativi unici, permettendo una varietà culinaria che rende il consumo quotidiano di olio un'esperienza piacevole.

I piatti tradizionali della dieta mediterranea offrono molte opportunità per integrare l'olio extravergine di oliva. Piatti come insalata greca, bruschette, o pesce alla griglia sono esempi di come questo elisir può essere un elemento centrale nella creazione di pasti sani e deliziosi.

Essere consapevoli del consumo di olio extravergine di oliva in tavola è importante per evitare eccessi involontari. Servire l'olio in recipienti dosatori o utilizzando uno spray per olio può aiutare a controllare la quantità distribuita sui piatti.

Per ottenere un bilancio nutrizionale ottimale, è consigliabile integrare l'olio extravergine di oliva con altri grassi salutari come quelli presenti in noci, semi e pesce. Questa varietà contribuisce a fornire un profilo lipidico completo.

Integrare saggiamente l'olio extravergine di oliva nell'alimentazione quotidiana richiede una combinazione di consapevolezza e creatività culinaria. Questo capitolo offre suggerimenti pratici per massimizzare i benefici di questo elisir d'oliva, garantendo un'esperienza culinaria appagante e sana.

4.4: Impatto sulla Perdita di Peso

La relazione tra l'olio extravergine di oliva e la perdita di peso è un argomento di interesse crescente nell'ambito della nutrizione. Questo capitolo esplorerà come l'inclusione consapevole di olio extravergine di oliva nella dieta può influire positivamente sulla gestione del peso corporeo.

Gli acidi grassi monoinsaturi, presenti in abbondanza nell'olio extravergine di oliva, svolgono un ruolo chiave nel supportare la perdita di peso. Questi acidi grassi sono associati a una maggiore sensazione di sazietà, aiutando a controllare l'appetito e riducendo l'assunzione calorica complessiva.

L'olio extravergine di oliva può contribuire a mantenere stabili i livelli di zuccheri nel sangue, fornendo una fonte di energia sostenuta. Questo è cruciale per evitare picchi glicemici seguiti da improvvisi cali di energia, che possono portare a desideri alimentari incontrollati.

L'infiammazione cronica può ostacolare la perdita di peso. Gli antiossidanti presenti nell'olio extravergine di oliva contribuiscono a ridurre l'infiammazione nel corpo, creando un ambiente più favorevole alla perdita di peso.

L'uso di olio extravergine di oliva come alternativa a grassi meno salutari, come burro o oli vegetali raffinati, può essere un passo significativo nella riduzione complessiva dell'apporto calorico e nella promozione di una dieta più salutare.

È essenziale sottolineare che, nonostante i benefici potenziali, la perdita di peso richiede un approccio globale che includa anche una dieta equilibrata e l'esercizio fisico regolare. L'integrazione di olio extravergine di oliva dovrebbe avvenire con moderazione, facendo parte di un bilancio energetico complessivo.

Nonostante gli effetti positivi suggeriti, l'olio extravergine di oliva è denso dal punto di vista calorico. La consapevolezza delle calorie è cruciale per coloro che mirano alla perdita di peso. Utilizzare l'olio con moderazione e considerare l'apporto calorico totale nella pianificazione di pasti è fondamentale.

SI delinea come l'olio extravergine di oliva, quando integrato con saggezza, può essere un alleato prezioso nel percorso verso una gestione del peso corporeo più sana. La chiave sta nell'adozione di una dieta equilibrata, nell'esercizio fisico regolare e nell'uso consapevole di questo elisir d'oliva per massimizzare i suoi benefici.

4.5: Consigli per una Digestione Ottimale

Il processo digestivo è cruciale per l'assorbimento dei nutrienti e il mantenimento della salute generale. Integrare l'olio extravergine di oliva nella dieta può influire positivamente sulla digestione. Ecco alcuni consigli pratici per garantire una digestione ottimale:

1. **Consumo Moderato:** Mantenere il consumo di olio extravergine di oliva in quantità moderate per evitare sovraccarichi digestivi e garantire una distribuzione equilibrata delle calorie.

2. **Utilizzo Come Condimento:** Preferire l'uso dell'olio come condimento su insalate e piatti cotti a bassa temperatura per preservare le sue proprietà nutrizionali.

3. **Assunzione Prima dei Pasti:** Assumere una piccola quantità di olio extravergine di oliva qualche minuto prima dei pasti può stimolare la produzione di bile, agevolando la digestione dei grassi.

4. **Accompagnamento a Fibre:** Accompagnare l'olio extravergine di oliva a fonti di fibre, come verdure e cereali integrali, per promuovere la regolarità intestinale e favorire una digestione sana.

5. **Varietà Nella Dieta:** Sperimentare con diverse varietà di olio extravergine di oliva e integrare altri grassi salutari nella dieta per garantire un profilo lipidico completo.

6. **Evitare il Consumo Eccessivo a Tavola:** Evitare l'eccesso di olio durante i pasti può ridurre il rischio di sintomi digestivi

indesiderati, come bruciore di stomaco o sensazione di pesantezza.

7. **Monitoraggio delle Reazioni Individuali:** Osservare le reazioni individuali al consumo di olio extravergine di oliva e adattare la quantità in base alle esigenze personali e alla sensibilità digestiva.

8. **Includere Erbe e Spezie:** Complementare l'uso di olio extravergine di oliva con erbe e spezie può non solo aggiungere sapore, ma anche contribuire alla digestione grazie alle loro proprietà benefiche.

9. **Idratazione Adeguata:** Assicurarsi di mantenere un adeguato livello di idratazione, poiché l'acqua svolge un ruolo fondamentale nella digestione e nell'assorbimento dei nutrienti.

10. **Regolarità nei Pasti:** Mantenere regolarità nei pasti contribuisce a un funzionamento ottimale del sistema digestivo. Consumare piccoli pasti frequenti può facilitare la digestione.

Incorporare questi consigli nella routine quotidiana può favorire una digestione ottimale, consentendo di godere appieno dei benefici dell'olio extravergine di oliva senza compromettere il benessere digestivo.

Capitolo 5: Usi in Cucina

L'olio extravergine di oliva è molto più di un semplice condimento; è una componente essenziale della cucina mediterranea e può essere utilizzato in una varietà di modi per arricchire i sapori dei piatti. In questo capitolo, esploreremo le molteplici applicazioni culinarie di questo elisir d'oliva, dimostrando come possa trasformare e migliorare ogni piatto.

L'uso più comune di olio extravergine di oliva in cucina è come condimento per insalate e verdure. La sua consistenza setosa e il sapore fruttato si sposano perfettamente con l'acidità delle verdure fresche, creando un'esplosione di gusto e nutrienti. Provare diverse varietà di olio può portare a scoperte sorprendenti di nuovi accostamenti di sapori.

L'olio extravergine di oliva è una base eccellente per marinature di carne, pesce o verdure. La sua consistenza aiuta a sigillare i succhi e a conferire sapore ai cibi. Può anche essere la base di salse deliziose; mescolato con erbe aromatiche, aglio o agrumi, crea condimenti versatili per diverse preparazioni.

La capacità dell'olio extravergine di oliva di resistere alle alte temperature lo rende ideale per tostare e rosolare ingredienti. Può essere utilizzato per insaporire noci, semi, e perfino cereali prima della preparazione. La sua versatilità lo rende un alleato prezioso per creare strati di sapore in molte ricette.

Mentre l'olio extravergine di oliva non è adatto alla frittura profonda a temperature molto elevate, può essere utilizzato per la frittura leggera. Immergere delicatamente verdure o carne in olio ben caldo crea croccantezza e sapore senza assorbire troppo olio.

Una spruzzata di olio extravergine di oliva appena prima di servire può trasformare un piatto già delizioso in un capolavoro. Questo condimento finale può essere particolarmente efficace su piatti di pasta, risotti, e pietanze a base di pesce.

Esplorare le molteplici modalità di utilizzo dell'olio extravergine di oliva in cucina permette di apprezzare appieno la sua versatilità. Sperimentare con diverse varietà e metodi di preparazione può portare a scoperte culinarie sorprendenti, rendendo questo elisir d'oliva un ingrediente irrinunciabile in ogni cucina.

5.1: Olio nei Piatti Freddi

L'olio extravergine di oliva è un protagonista indiscusso nei piatti freddi, apportando una profondità di sapore e un tocco di ricchezza ai piatti che vengono consumati senza riscaldamento. Ecco come questo elisir d'oliva può essere utilizzato per elevare i piaceri culinari nei piatti freddi:

L'olio extravergine di oliva è un'aggiunta perfetta a:

- **Insalate Fresche:** Una generosa spruzzata di olio d'oliva completa l'esperienza gustativa di un'insalata croccante e colorata. Unirlo a una base di verdure fresche, formaggi, e frutta crea un piatto leggero e saporito.

- **Carpacci e Tartare:** Nei piatti a base di carne o pesce crudo, l'olio extravergine di oliva agisce come complemento ideale, aggiungendo una nota grassa e arricchente. Si sposa bene con il filetto di manzo carpaccio o il salmone marinato.

- **Bruschette e Crostini:** Una semplice bruschetta o crostino con pomodoro, basilico, e una generosa spruzzata di olio extravergine di oliva rappresenta un classico antipasto italiano. La sua consistenza setosa si amalgama perfettamente con il pomodoro maturo.

- **Cereali e Legumi Freddi:** Un tocco di olio d'oliva può trasformare cereali freddi come il couscous o l'orzo in un piatto gustoso e nutriente. Inoltre, può essere utilizzato per dare sapore a insalate di legumi come ceci o fagioli.

- **Piatti di Pasta Fredda:** Gli amanti della pasta apprezzeranno un condimento di olio extravergine di oliva su piatti di pasta fredda, come la pasta al pesto, la pasta alla checca o la pasta fredda con verdure.

L'uso dell'olio extravergine di oliva nei piatti freddi è un modo straordinario per sperimentare la sua varietà di sapori e apprezzare la sua versatilità culinaria. Con una semplice spruzzata, questo elisir d'oliva può trasformare anche i piatti più semplici in esperienze gastronomiche memorabili.

5.2: Condimenti e Salse

Nel vasto mondo della cucina, l'olio extravergine di oliva riveste un ruolo cruciale nella creazione di condimenti e salse che impreziosiscono i piatti con sapori avvolgenti e complessi. Ecco come questo elisir d'oliva può essere utilizzato per elevare il gusto delle tue preparazioni:

- **Vinaigrette per Insalate:** Mescolare l'olio extravergine di oliva con aceto balsamico, senape, aglio e erbe aromatiche crea una vinaigrette perfetta per condire insalate fresche.

Questo condimento offre una miscela equilibrata di acidità e ricchezza.

- **Salsa Pesto:** La salsa pesto, un classico della cucina italiana, è preparata con basilico fresco, pinoli, aglio, formaggio e, ovviamente, olio extravergine di oliva. Questa salsa può essere utilizzata per condire la pasta, il pesce o come salsa per bruschette.

- **Salsa Agliata:** Un condimento tipico della cucina mediterranea, l'agliata è realizzata con aglio, prezzemolo, peperoncino e olio extravergine di oliva. Questa salsa può essere spalmata su crostini o utilizzata come condimento per carne alla griglia.

- **Marinata per Carne e Pesce:** Mescolare olio d'oliva con erbe fresche, aglio e limone crea una marinata aromatica per carne e pesce. Questo aggiunge sapore e mantiene la carne tenera durante la cottura.

- **Salsa all'Aglio e Limone:** Unire aglio tritato, succo di limone e olio extravergine di oliva produce una salsa fresca e luminosa, ideale per condire pietanze a base di pesce, pollo o verdure grigliate.

- **Salsa di Pomodoro Cruda:** Per una salsa leggera e fresca, combinare pomodori freschi a cubetti, basilico, aglio e olio extravergine di oliva. Questa salsa è ottima su bruschette o come condimento per la pasta fredda.

Sperimentare con diverse erbe, spezie e ingredienti può portare alla creazione di salse e condimenti unici. L'olio extravergine di oliva, con la sua versatilità e profondità di sapore, è un componente essenziale nella realizzazione di condimenti che elevano il livello delle tue pietanze.

5.3: Olio in Pasticceria

L'utilizzo dell'olio extravergine di oliva in pasticceria può sembrare insolito a prima vista, ma questo elisir d'oliva può conferire una consistenza unica, una nota di sapore e persino benefici nutrizionali a molte preparazioni dolci. Ecco come l'olio extravergine di oliva può essere impiegato in modo creativo in pasticceria:

- **Sostituto del Burro:** In molte ricette, è possibile sostituire il burro con l'olio extravergine di oliva. Questo apporta un tocco di fruttato alle preparazioni e rende i dolci più leggeri e umidi.

- **Cakes e Muffin:** Aggiungere olio extravergine di oliva a impasti per cakes, muffin o dolci da colazione può conferire una morbidezza irresistibile e una leggera nota di fruttato. Sperimentare con diverse varietà di olio può portare a risultati sorprendenti.

- **Torte di Frutta:** Per torte a base di frutta, come le crostate, l'olio d'oliva può intensificare i sapori della frutta stessa. Prova ad aggiungere una spruzzata di olio extravergine di oliva alla marmellata di frutta per una composta più gustosa.

- **Dolci al Cioccolato:** Nelle ricette di dolci al cioccolato, l'olio d'oliva può essere utilizzato per sostituire parte del burro, aggiungendo una sfumatura di sapore e una consistenza setosa alle creazioni al cioccolato.

- **Biscotti e Biscotti alla Frutta Secca:** L'olio extravergine di oliva può essere incorporato in biscotti e biscotti alla frutta secca per ottenere una consistenza più tenera e una nota sottile di fruttato.

- **Creme e Ganache:** L'olio extravergine di oliva può essere utilizzato nella preparazione di creme al mascarpone o ganache per conferire una consistenza cremosa e una nota di sapore inaspettata.

- **Dolci Senza Glutine:** Nelle preparazioni di dolci senza glutine, l'olio d'oliva può essere una scelta eccellente per garantire la giusta umidità e consistenza.

Sperimentare con l'olio extravergine di oliva in pasticceria apre la strada a nuovi profili di sapore e conferisce un tocco salutare alle tue creazioni dolci. La chiave è trovare il giusto equilibrio tra il fruttato dell'olio e gli altri ingredienti, creando così deliziosi dolci che sorprenderanno e delizieranno il palato.

5.4: Abbinamenti Gastronomici

L'arte di abbinare l'olio extravergine di oliva ai cibi giusti può trasformare un piatto ordinario in un'esperienza culinaria straordinaria. Ecco alcuni suggerimenti su come abbinare l'olio d'oliva per massimizzare i sapori:

- **Olio Fruttato con Insalate Fresche:** Un olio extravergine di oliva fruttato aggiunge un tocco di freschezza alle insalate verdi. Scegli un olio leggero e fruttato per insalate a base di foglie verdi o agrumi.

- **Olio Intenso con Carni Rosse:** Per carni rosse come manzo o agnello, un olio extravergine di oliva più robusto e intenso può aggiungere profondità di sapore. Prova a drizzarlo sulla carne alla griglia prima di servire.

- **Olio Delicato con Pesce:** I pesci più leggeri beneficiano di un olio d'oliva delicato e fruttato. Un tocco di limone può anche intensificare i sapori del pesce.

- **Olio Pepe con Piatti di Pasta:** Un olio extravergine di oliva pepe è un accompagnamento ideale per piatti di pasta. Aggiungilo a una semplice pasta aglio e olio per un tocco di sapore in più.

- **Olio Aromatico con Verdure Grigliate:** Le verdure grigliate possono essere esaltate con un olio extravergine di oliva aromatico. Sperimenta con olio all'aglio, rosmarino o basilico.

- **Olio Fruttato con Formaggi Freschi:** Formaggi freschi come mozzarella o feta si accoppiano bene con un olio d'oliva fruttato. Aggiungi erbe fresche per un ulteriore strato di sapore.

- **Olio Pepe con Frutta Fresca:** Un olio extravergine di oliva pepe può aggiungere una nota intrigante a frutta fresca come fragole o melone. Prova a drizzarlo sopra la frutta per un dessert semplice ma raffinato.

- **Olio alle Erbe con Piatti Mediterranei:** Piatti mediterranei come couscous, hummus o tabbouleh si sposano bene con un olio d'oliva alle erbe. Aggiungi timo, rosmarino o basilico per un tocco aromatico.

Sperimentare con abbinamenti gastronomici può portare a scoperte gustative sorprendenti. La chiave è equilibrare i sapori e apprezzare la varietà di profumi che l'olio extravergine di oliva può portare ai tuoi piatti.

Capitolo 6: Oltre il Gusto - Industria e Ambiente

Nel contesto dell'olio extravergine di oliva, esploriamo aspetti cruciali che vanno oltre il semplice sapore: l'impatto dell'industria olivicola sull'ambiente. Questo capitolo offre una panoramica di come la produzione di olio d'oliva influisca sui sistemi naturali e sulle comunità agricole.

La coltivazione degli olivi può seguire pratiche sostenibili per ridurre l'impatto ambientale. L'adozione di metodi come l'agricoltura biologica, l'irrigazione efficiente e la rotazione delle colture contribuisce a preservare la biodiversità e a mantenere la fertilità del suolo.

Nel processo di estrazione dell'olio, l'uso di tecnologie avanzate può migliorare l'efficienza energetica e ridurre gli sprechi. Frantoi moderni possono adottare sistemi di estrazione a basso impatto ambientale, consentendo una produzione più sostenibile.

L'industria dell'olio extravergine di oliva può avere un impatto significativo sulle comunità agricole. Esaminiamo come pratiche etiche e un equo rapporto tra produttori e consumatori possano contribuire a sostenere le comunità locali, preservando le tradizioni agricole.

Le certificazioni di sostenibilità, come il marchio biologico, possono aiutare a identificare i prodotti che rispettano standard ambientali rigorosi. Analizziamo come la scelta di prodotti con queste certificazioni possa contribuire a sostenere pratiche agricole eco-friendly.

Esploriamo le sfide che l'industria olivicola affronta in termini di cambiamenti climatici, gestione dell'acqua e altre questioni ambientali. Contestualizziamo anche le opportunità per l'innovazione e l'adozione di pratiche più sostenibili.

Questo capitolo offre una visione più ampia della produzione di olio extravergine di oliva, evidenziando l'importanza di considerazioni ambientali e sociali nel contesto dell'industria. Esplorare questi temi fornisce una comprensione approfondita del ruolo dell'olio d'oliva nella sostenibilità globale.

6.1: Produzione Sostenibile

La produzione sostenibile di olio extravergine di oliva gioca un ruolo cruciale nella preservazione dell'ambiente e nel sostegno delle comunità agricole. In questa sezione, esaminiamo le pratiche e le strategie che rendono possibile una produzione di olio d'oliva che sia rispettosa dell'ecosistema e socialmente responsabile.

Pratiche Agricole Sostenibili: La base della produzione sostenibile inizia con pratiche agricole che preservano la biodiversità e mantengono la fertilità del suolo. L'agricoltura biologica, ad esempio, elimina l'uso di pesticidi e fertilizzanti chimici, promuovendo un ambiente più equilibrato.

Gestione dell'Acqua Efficient: La corretta gestione dell'acqua è fondamentale per la sostenibilità. L'irrigazione controllata e l'adozione di tecniche che riducono lo spreco idrico contribuiscono a preservare risorse preziose e ad affrontare le sfide legate al cambiamento climatico.

Energia Rinnovabile nei Frantoi: L'utilizzo di energia rinnovabile nei frantoi è un passo avanti verso una produzione più sostenibile. L'installazione di pannelli solari o l'utilizzo di altre fonti di energia pulita riduce l'impatto ambientale dell'estrazione dell'olio.

Rotazione delle Colture e Conservazione del Territorio: La rotazione delle colture aiuta a prevenire l'esaurimento del suolo e a ridurre la necessità di pesticidi. Inoltre, la conservazione del territorio, attraverso pratiche come la piantumazione di alberi lungo i margini dei campi, può contribuire a mantenere e migliorare l'ecosistema circostante.

Partecipazione Comunitaria: La produzione sostenibile non riguarda solo l'ambiente, ma anche il benessere delle comunità agricole. Promuovere una partecipazione equa, garantire condizioni di lavoro dignitose e sostenere le economie locali sono aspetti essenziali di una produzione che guarda al futuro.

In questa prospettiva, la produzione sostenibile di olio extravergine di oliva non solo fornisce un prodotto di alta qualità ma contribuisce anche a preservare il nostro pianeta e a sostenere le comunità agricole. Esplorare le sfide e le opportunità di una produzione sostenibile è fondamentale per garantire un futuro duraturo per questa industria.

6.2: Impatto Ambientale

L'industria dell'olio extravergine di oliva ha un impatto ambientale significativo, il che rende cruciale esaminare attentamente come le pratiche e le decisioni nel processo di produzione influenzino il nostro ecosistema. La gestione di queste influenze è essenziale per garantire un equilibrio sostenibile tra la produzione di olio d'oliva e la conservazione dell'ambiente.

Innanzitutto, la scelta di pratiche agricole sostenibili è fondamentale. L'agricoltura biologica, eliminando l'uso di pesticidi e fertilizzanti chimici, promuove la salute del suolo e la biodiversità, limitando il rischio di inquinamento delle acque sotterranee.

Un aspetto cruciale dell'impatto ambientale dell'industria è legato alla gestione dell'acqua. Le tecniche di irrigazione efficienti e sostenibili possono ridurre il consumo d'acqua e mitigare gli effetti negativi sulla disponibilità delle risorse idriche locali.

Nei frantoi, l'utilizzo di energie rinnovabili è una pratica che riduce l'impatto ambientale complessivo dell'estrazione dell'olio. L'adozione di soluzioni come pannelli solari o altre fonti di energia pulita dimostra un impegno verso la riduzione delle emissioni di gas serra e la transizione verso un'industria più sostenibile.

Inoltre, la conservazione del territorio è di fondamentale importanza. La preservazione di aree naturali e la piantumazione di alberi lungo i margini dei campi non solo contribuiscono alla salute dell'ecosistema circostante ma possono anche offrire soluzioni per affrontare sfide come l'erosione del suolo.

L'industria olivicola può essere un agente di cambiamento positivo se si adottano pratiche che minimizzino l'impatto ambientale. Affrontare queste questioni non solo preserva il nostro ambiente, ma assicura anche la disponibilità continua di uno degli alimenti più preziosi della nostra storia culinaria. La consapevolezza e l'azione mirata sono chiavi per forgiare un futuro in cui la produzione di olio d'oliva e la sostenibilità ambientale procedano di pari passo.

6.3 Etichettatura e certificazioni

L'etichettatura e le certificazioni nell'industria dell'olio extravergine di oliva svolgono un ruolo essenziale nel fornire informazioni chiare ai consumatori e garantire standard di qualità e sostenibilità. Comprendere l'importanza di questi aspetti contribuisce a una scelta consapevole da parte dei consumatori e a una guida per gli operatori del settore.

L'etichettatura accurata fornisce informazioni cruciali sul prodotto. Oltre al nome del produttore e all'origine, l'etichetta può includere il metodo di produzione, la varietà di olive utilizzate e la data di raccolta. Queste informazioni consentono ai consumatori di valutare la freschezza e la qualità dell'olio.

Le certificazioni, come il marchio biologico, sono un indicatore affidabile di pratiche sostenibili. Un prodotto biologico è coltivato senza l'uso di pesticidi e fertilizzanti chimici, promuovendo la salute del suolo e la biodiversità. La certificazione biologica offre ai consumatori la fiducia che l'olio sia prodotto nel rispetto dell'ambiente.

Altre certificazioni, come il Protected Designation of Origin (DOP) o il Protected Geographical Indication (PGI), indicano che il prodotto è legato a una regione geografica specifica e segue tradizioni e metodi di produzione specifici. Queste certificazioni preservano le caratteristiche uniche dell'olio d'oliva legate al territorio.

Tuttavia, è fondamentale essere consapevoli delle pratiche di etichettatura ingannevoli. Alcuni prodotti possono presentare termini come "olio extravergine di oliva" senza rispettare gli standard richiesti. La ricerca e la consapevolezza del consumatore sono essenziali per evitare truffe e garantire una scelta informata.

In conclusione, un'etichettatura chiara e certificazioni affidabili sono fondamentali per orientare i consumatori verso scelte sostenibili e di alta qualità. L'industria dell'olio extravergine di oliva può beneficiare di un approccio trasparente, costruendo fiducia e sostenendo pratiche che promuovono la salute del consumatore e dell'ambiente.

6.4 Progetti di conservazione

Incorporare progetti di conservazione nell'industria dell'olio extravergine di oliva è un passo significativo verso la sostenibilità e la preservazione dell'ambiente. Questi progetti, spesso intrapresi da produttori, organizzazioni ambientali o enti governativi, mirano a mitigare gli impatti negativi dell'industria olivicola e a promuovere pratiche che favoriscono la conservazione degli ecosistemi.

Tra i progetti di conservazione più diffusi ci sono quelli incentrati sulla biodiversità. La creazione di aree protette o corridoi ecologici intorno alle piantagioni di olivi favorisce la coesistenza di varie specie vegetali e animali, contribuendo alla salute dell'ecosistema locale.

L'adozione di pratiche agricole rigenerative è un altro aspetto chiave di molti progetti di conservazione. Queste pratiche mirano a migliorare la salute del suolo, aumentare la biodiversità e ridurre l'uso di input nocivi come i pesticidi. L'implementazione di coperture vegetali, la rotazione delle colture e l'integrazione di alberi ad alto fusto nelle piantagioni di olivi sono esempi di tali strategie.

I progetti di conservazione spesso includono iniziative di sensibilizzazione e formazione per i produttori. Educare gli agricoltori sulle pratiche sostenibili, sui benefici della biodiversità e sulla gestione responsabile dell'acqua può contribuire a una maggiore adesione a queste pratiche a livello locale.

Inoltre, collaborazioni tra settore pubblico e privato sono comuni in progetti di conservazione. L'istituzione di partenariati può facilitare la condivisione delle risorse, la ricerca congiunta e la realizzazione di obiettivi comuni per la conservazione ambientale.

L'integrazione di progetti di conservazione nell'industria dell'olio extravergine di oliva è un segnale positivo di un impegno a lungo termine per la sostenibilità. Questi sforzi non solo migliorano l'efficienza e la resilienza delle piantagioni, ma contribuiscono anche a preservare e arricchire gli ecosistemi locali, garantendo un futuro più verde per l'industria olivicola.

6.5 Il futuro sostenibile dell'industria

Guardare al futuro sostenibile dell'industria dell'olio extravergine di oliva implica un impegno continuo verso pratiche che equilibrino la produzione con la conservazione dell'ambiente e il benessere delle comunità coinvolte. Questa visione sostenibile è essenziale per garantire la continuità e la prosperità dell'industria olivicola nel lungo periodo.

La ricerca e l'innovazione giocano un ruolo chiave nel plasmare il futuro sostenibile dell'industria. Investimenti nella ricerca di nuove varietà di olivi resistenti alle malattie, adattate ai cambiamenti climatici e con resa migliorata possono rendere le coltivazioni più resilienti e sostenibili.

La tecnologia può essere un alleato prezioso. L'implementazione di sistemi di monitoraggio e gestione intelligente delle risorse può ottimizzare l'uso dell'acqua, ridurre gli sprechi e migliorare l'efficienza complessiva delle piantagioni.

Inoltre, l'industria può mirare a una maggiore tracciabilità e trasparenza lungo l'intera catena di produzione. Questo non solo rafforza la fiducia dei consumatori, ma anche l'efficacia delle certificazioni di sostenibilità, garantendo che le pratiche eco-friendly siano rispettate in ogni fase.

L'educazione continua e la formazione per i produttori sono elementi chiave per garantire una transizione armoniosa verso pratiche più sostenibili. La consapevolezza delle nuove metodologie e l'adozione di approcci più responsabili possono trasformare la cultura dell'industria.

La collaborazione a livello globale è essenziale. Condividere conoscenze, esperienze e risorse tra diverse regioni olivicole può portare a soluzioni innovative e condivise che promuovono la sostenibilità su scala globale.

Infine, il coinvolgimento attivo delle comunità locali e il rispetto delle tradizioni sono fondamentali. La costruzione di un futuro sostenibile per l'industria dell'olio extravergine di oliva deve andare di pari passo con il supporto alle comunità agricole, preservando le loro identità e contribuendo al loro benessere.

In sintesi, il futuro sostenibile dell'industria olivicola richiede un impegno continuo verso l'innovazione, la responsabilità ambientale e la collaborazione globale. Solo attraverso queste azioni congiunte sarà possibile garantire una produzione di olio extravergine di oliva che sia non solo deliziosa ma anche rispettosa dell'ambiente e socialmente responsabile.

Capitolo 7: Consigli Pratici per la Selezione e la Conservazione dell'Olio Extravergine di Oliva

In questo capitolo, esploreremo consigli pratici che aiutano i consumatori a fare scelte informate quando acquistano e conservano l'olio extravergine di oliva. Dalla selezione delle varietà alle modalità di conservazione ottimali, questi suggerimenti migliorano l'esperienza culinaria e preservano la qualità dell'olio nel tempo.

La varietà di olive utilizzate nella produzione dell'olio extravergine di oliva può influenzare il suo gusto e profilo aromatico. Varietà come Frantoio, Picual, Koroneiki e Arbequina presentano caratteristiche uniche. Esplorare diverse varietà consente di scoprire preferenze personali e adattare l'olio alle preparazioni culinarie.

Leggere attentamente le etichette è fondamentale. Certificazioni come "DOP" (Denominazione di Origine Protetta) o "Biologico" forniscono indicazioni sulla qualità e la sostenibilità. La data di raccolta è un altro indicatore importante; scegliere olio con data recente assicura freschezza e vitalità dei sapori.

L'olio extravergine di oliva è sensibile a luce e aria. Conservare l'olio in bottiglie scure o opache riduce l'esposizione alla luce, preservando i suoi componenti volatili. Chiudere bene la bottiglia dopo l'uso e conservarla in un luogo fresco e buio mantiene la freschezza dell'olio nel tempo.

Evitare di esporre l'olio a temperature elevate. Conservare l'olio extravergine di oliva in un luogo fresco, lontano dalla luce diretta del sole. L'ideale è una dispensa o un armadio a temperatura costante, evitando variazioni estreme che possono compromettere la qualità.

L'olio extravergine di oliva è versatile, ma alcune varietà si prestano meglio a determinati usi. Oli fruttati sono ottimi per insalate e piatti a crudo, mentre oli più robusti si adattano bene a preparazioni calde e alla cottura. Sperimentare con l'olio in diverse ricette consente di scoprirne le sfumature di gusto.

L'olio extravergine di oliva ha una durata limitata, specialmente una volta aperto. Utilizzare l'olio entro la data di scadenza consigliata e seguirne la rotazione per garantire sempre freschezza e sapore ottimali.

Preferire l'acquisto in piccole quantità favorisce la freschezza dell'olio. Bottiglie più piccole si consumano più rapidamente, garantendo che ogni utilizzo sia accompagnato dalla massima qualità.

Seguendo questi consigli pratici, i consumatori possono godere appieno dell'olio extravergine di oliva, sperimentando una varietà di sapori e approfittando dei benefici culinari e salutari che questa preziosa sostanza può offrire.

7.1: Selezione dell'Olio di Qualità

La selezione di un olio extravergine di oliva di alta qualità è fondamentale per garantire un'esperienza culinaria superiore. Ecco alcuni suggerimenti pratici per individuare e selezionare un olio di qualità:

Aspetto Visivo: Osserva il colore dell'olio. Un buon olio extravergine di oliva dovrebbe presentare tonalità verdi, riflettendo la freschezza delle olive. Evita colori troppo dorati o opachi, che potrebbero indicare un olio più vecchio.

Etichetta Dettagliata: Leggi attentamente l'etichetta. Cerca indicazioni come "extravergine", "DOP" (Denominazione di Origine Protetta) o "Biologico". Queste certificazioni evidenziano standard di qualità e sostenibilità.

Data di Raccolta: Controlla la data di raccolta sull'etichetta. Un olio di qualità dovrebbe indicare chiaramente la data di raccolta delle olive. Scegliere olio con una data recente assicura freschezza e vivacità dei sapori.

Varietà di Olive: Informarsi sulla varietà di olive utilizzate. Ogni varietà contribuisce a un profilo di gusto unico. Esplorare diverse varietà permette di scoprire preferenze personali.

Filtrazione e Chiarezza: Un buon olio extravergine di oliva può presentare una leggera torbidità a causa della presenza di particelle di olive. Tuttavia, l'olio dovrebbe essere generalmente trasparente. La filtrazione aiuta a rimuovere impurità, preservando la qualità.

Provenienza: Preferisci oli con indicazione chiara della provenienza. Conoscere la regione di produzione fornisce informazioni sulla tipicità e la tradizione legate al prodotto.

Confezione: Osserva la bottiglia. Le bottiglie scure o opache proteggono l'olio dalla luce, preservando i suoi componenti volatili. Verifica che la bottiglia sia sigillata correttamente per garantire la freschezza.

Seguendo queste linee guida durante la selezione, i consumatori possono sentirsi sicuri di portare a casa un olio extravergine di oliva di alta qualità, arricchendo le loro preparazioni culinarie con un tocco di eccellenza.

7.2 Conservazione corretta

Conservare correttamente l'olio extravergine di oliva è una pratica cruciale per garantire la sua freschezza e preservare le sue qualità organolettiche nel tempo. Considerando che l'olio è sensibile a diversi fattori ambientali, adottare alcune precauzioni nella sua conservazione può fare la differenza tra un prodotto di alta qualità e uno che ha perso il suo carattere distintivo.

Un punto fondamentale è la scelta del luogo di conservazione. Un ambiente fresco e buio è l'ideale, poiché l'olio reagisce negativamente alla luce e al calore. Evitare l'esposizione diretta al sole e mantenere l'olio lontano da fonti di calore contribuisce a preservare la sua freschezza.

La bottiglia di conservazione gioca anche un ruolo cruciale. Optare per bottiglie opache o scure non è solo una questione estetica, ma una scelta funzionale per proteggere l'olio dalla luce diretta, che può alterare i suoi componenti volatili e comprometterne la qualità.

La corretta chiusura della bottiglia è un dettaglio spesso sottovalutato ma essenziale. Chiudere bene la bottiglia dopo ogni utilizzo riduce l'esposizione all'ossigeno, previene l'ossidazione dell'olio e mantiene la sua freschezza.

Evitare sbalzi termici è un altro aspetto da considerare. Conservare l'olio a una temperatura costante, preferibilmente in un luogo fresco come una dispensa, contribuisce a preservare le sue caratteristiche organolettiche.

Infine, consumare tempestivamente l'olio è consigliato per assaporarne appieno il profilo gustativo. Seguire la data di scadenza consigliata è una pratica che assicura la freschezza e la vitalità dell'olio extravergine di oliva.

In definitiva, la corretta conservazione è un atto di cura per preservare non solo l'olio extravergine di oliva come ingrediente culinario, ma anche come esperienza sensoriale che arricchisce le preparazioni gastronomiche con il suo caratteristico aroma e gusto.

7.3 Identificare la freschezza

riconoscere la freschezza dell'olio extravergine di oliva è un processo che coinvolge i sensi e richiede un'attenzione particolare a diversi aspetti. La freschezza è un indicatore chiave della qualità dell'olio, influenzando non solo il suo sapore ma anche i benefici nutrizionali che può offrire.

Innanzitutto, l'aspetto visivo gioca un ruolo importante. Un olio fresco dovrebbe presentare un colore verde intenso, riflesso della giovinezza delle olive utilizzate nella sua produzione. Tonalità di verde possono variare a seconda della varietà di olive, ma evitare colori troppo dorati o opachi, che potrebbero indicare un olio più vecchio.

L'odore è un altro indicatore prezioso. Un olio extravergine di oliva fresco emana un profumo fruttato e aromatico, con note che possono variare da erbacee a fruttate, a seconda della varietà di olive. Un odore rancido o "fermentato" può essere segno di un olio più datato o di qualità inferiore.

Il gusto è il momento culminante dell'esperienza di valutazione della freschezza. Un olio fresco deve esibire una combinazione equilibrata di amaro, piccante e fruttato. L'amaro e il piccante sono segni di antiossidanti, mentre la persistenza del sapore fruttato è un indicatore di giovinezza. Un sapore rancido o stantio può indicare un olio meno fresco.

Esaminare l'etichetta per la data di raccolta è fondamentale. Una data recente garantisce che l'olio sia stato prodotto con olive appena raccolte, contribuendo a una maggiore freschezza. Certificazioni come "DOP" o "Biologico" possono essere ulteriori conferme della qualità e della provenienza sostenibile dell'olio.

La freschezza dell'olio extravergine di oliva è un elemento distintivo che arricchisce le preparazioni culinarie e ne amplifica i benefici per la salute. Affinare la capacità di identificarla è un viaggio sensoriale che collega i consumatori alla genuinità e alla vitalità di questo prezioso ingrediente.

7.4 Uso della cucina e oltre

L'utilizzo dell'olio extravergine di oliva in cucina va ben oltre il semplice apporto di sapore. Questo prezioso elisir mediterraneo è un protagonista versatile, capace di elevare ogni piatto e aprire porte a una gamma di esperienze culinarie. La sua versatilità rende l'olio extravergine di oliva una scelta prediletta in cucina e oltre.

In cucina, l'olio extravergine di oliva diventa un alleato fidato per insaporire piatti a crudo. Un filo di olio di alta qualità su insalate, verdure fresche o piatti di pesce crudo può trasformare un semplice pasto in un'esperienza gastronomica sofisticata. La sua consistenza setosa e il sapore fruttato aggiungono una nota distintiva a piatti freddi.

Nelle preparazioni calde, l'olio extravergine di oliva non è da meno. È un ingrediente chiave per la cottura e la rosolatura, contribuendo a creare una base ricca di sapore per molti piatti. La sua resistenza al calore lo rende ideale per la frittura e la grigliatura, conferendo agli alimenti un tocco croccante e un sapore caratteristico.

Oltre alla cucina, l'olio extravergine di oliva trova impiego in molteplici contesti. È una base del mondo della pasticceria, conferendo morbidezza e sapore a dolci e dessert. Può essere utilizzato per marinare carne, conferendo una gustosa crosta durante la cottura. Anche le salse e i condimenti a base di olio extravergine di oliva aggiungono un tocco di raffinatezza a molte pietanze.

Il suo ruolo va oltre il piacere del palato; l'olio extravergine di oliva è una chiave per la cucina sana e sostenibile. Ricco di grassi monoinsaturi e antiossidanti, contribuisce a una dieta equilibrata e può offrire benefici per la salute cardiovascolare. La sua produzione, se sostenibile, può anche promuovere pratiche agricole eco-friendly.

In sintesi, l'olio extravergine di oliva è più di un semplice ingrediente: è un compagno poliedrico che arricchisce la tavola con il suo sapore, la sua versatilità e i suoi benefici per la salute. La sua presenza in cucina è una celebrazione della tradizione, della freschezza e dell'eccellenza culinaria.

7.5 Esplorare diverse varietà

Esplorare le diverse varietà di olio extravergine di oliva è un viaggio sensoriale che offre una panoramica delle ricchezze gustative e aromatiche che questo straordinario elisir mediterraneo può offrire. Ogni varietà di olive contribuisce in modo unico al profilo organolettico dell'olio, creando un'ampia gamma di esperienze gustative.

Una delle varietà più conosciute è il Frantoio, che produce un olio caratterizzato da un profilo fruttato intenso con note erbacee e un retrogusto piccante. Questo olio è spesso utilizzato per arricchire piatti robusti come carne e zuppe.

Il Picual è un'altra varietà rinomata, nota per il suo sapore robusto e amaro. Questo olio si presta bene a piatti cucinati a caldo, donando una nota decisa ai sughi e alle grigliate.

L'Arbequina, al contrario, offre un profilo più delicato e fruttato con una nota dolce. Questo rende l'Arbequina ideale per insaporire piatti a crudo, come insalate e verdure fresche.

Il Koroneiki, originario della Grecia, è amato per il suo gusto fruttato e piccante. Spesso utilizzato per condire insalate e piatti di pesce, questo olio aggiunge una vivace complessità ai piatti.

Oltre a queste varietà, esistono molte altre, ciascuna con le proprie caratteristiche uniche. Esplorare le diverse varietà di olio extravergine di oliva è un modo affascinante per affinare il palato e scoprire le preferenze personali.

La degustazione di campioni di diverse varietà permette di cogliere le sfumature dei sapori, dalle note erbacee alle tonalità fruttate, offrendo un'esperienza sensoriale unica. In Calabria e Puglia, due regioni italiane rinomate per la produzione di olio extravergine di oliva, si coltivano diverse varietà di olive che contribuiscono a creare oli dal carattere distintivo. Ecco alcune delle varietà più significative provenienti da queste regioni:

Calabria:

1. **Carolea:** La varietà di olive Carolea è diffusa in Calabria ed è una delle più coltivate nella regione. Produce un olio dal profilo aromatico e fruttato con leggere note di amaro e piccante. L'olio Carolea è spesso utilizzato in cucina per arricchire piatti tradizionali calabresi.

2. **Ottobratica:** Questa varietà di olive è apprezzata per la sua resistenza agli attacchi di parassiti e malattie. L'olio prodotto dalle olive Ottobratica è caratterizzato da un gusto fruttato con leggere note di mandorla e un retrogusto piccante.

3. **Sinopolese:** Meno conosciuta rispetto ad alcune varietà più diffuse, la Sinopolese produce un olio extravergine con

un profilo aromatico equilibrato. Le sue olive conferiscono all'olio un sapore fruttato e leggermente erbaceo.

Puglia:

1. **Coratina:** Una delle varietà di olive più comuni in Puglia, la Coratina, produce un olio extravergine con un gusto fruttato e intenso, spesso caratterizzato da una marcata piccantezza e amarezza. È ideale per piatti robusti e saporiti.

2. **Ogliarola Barese:** Questa varietà produce un olio più delicato e leggero, con note fruttate e un retrogusto dolce. È spesso utilizzato in cucina per condire insalate e piatti a crudo.

3. **Peranzana:** Le olive di questa varietà contribuiscono a creare un olio con un profilo aromatico bilanciato, caratterizzato da note fruttate e dolci. L'olio Peranzana è versatile e può essere utilizzato sia in cucina che a crudo.

Esplorare le varietà di olio extravergine di oliva provenienti da Calabria e Puglia offre un viaggio unico attraverso sapori regionali distintivi e tradizioni millenarie. Ogni varietà contribuisce a creare oli che riflettono le caratteristiche del territorio e arricchiscono la cucina con sfumature di gusto uniche.

Questo viaggio nell'universo delle varietà di olio extravergine di oliva non solo arricchisce la tavola con una gamma di sapori, ma anche con una comprensione più profonda dell'influenza delle olive sulla creazione di questo straordinario condimento. La varietà è la chiave per sperimentare appieno la ricchezza e la diversità dell'olio extravergine di oliva.

Capitolo 8: Storie di Successo e Innovazioni

Il capitolo che segue è un affascinante viaggio attraverso le storie di successo e le innovazioni che hanno plasmato il mondo dell'olio extravergine di oliva. Queste narrazioni spaziano da produttori locali che hanno raggiunto traguardi straordinari a innovazioni tecnologiche che hanno rivoluzionato il processo di produzione. Esploreremo anche marchi internazionali di successo, sostenibilità ambientale e aziende impegnate nella produzione di olio biologico.

Attraverso queste storie di impegno, passione e ingegno, ci immergeremo nel cuore di un settore che continua a evolversi, mantenendo al contempo radici profonde nella tradizione. Sia che si tratti di piccoli produttori locali o di grandi marchi affermati, ciascuna storia contribuisce a tessere la trama unica di un'industria ricca di storia e di promesse per il futuro.

8.1: Artigiani dell'Olio

In questo capitolo, ci immergiamo nelle affascinanti storie degli artigiani dell'olio, individui appassionati che hanno dedicato la loro vita a perfezionare l'arte della produzione dell'olio extravergine di oliva. Questi produttori locali incarnano la tradizione, la maestria e la dedizione, contribuendo in modo significativo al mondo dell'olio di qualità. Attraverso le loro storie, vediamo come abbiano affrontato sfide, preservato tradizioni secolari e creato prodotti unici e indimenticabili.

Da piccole tenute di famiglia a laboratori artigianali, questi artigiani lavorano a stretto contatto con la terra e le olive, portando avanti le conoscenze tramandate da generazioni. Attraverso metodi di coltivazione tradizionali e tecniche di spremitura artigianali, producono oli che catturano l'autenticità del territorio.

Ogni artigiano ha la sua storia da raccontare: il legame profondo con la terra, la scelta accurata delle varietà di olive, l'attenzione ai dettagli durante il processo di produzione e l'amore per il proprio lavoro. Spesso, questi produttori artigianali operano in piccole comunità, diventando pilastri della tradizione locale e sostenendo l'economia della regione.

Esploreremo le sfide e le gioie che accompagnano la vita degli artigiani dell'olio, la loro resilienza di fronte ai cambiamenti del mercato e il modo in cui mantengono viva l'eredità culturale. Le loro storie ci offriranno un affascinante quadro di come l'impegno individuale possa contribuire a plasmare il mondo dell'olio extravergine di oliva, rafforzando il legame tra la terra e la tavola.

8.2: Innovazioni nell'Industria dell'Olio Extravergine di Oliva

L'industria dell'olio extravergine di oliva ha abbracciato le ultime innovazioni tecnologiche e metodologie nella lavorazione per migliorare la qualità e garantire standard sempre più elevati. In questo capitolo, esploreremo le nuove tecniche di estrazione, i processi di produzione innovativi e il modo in cui il settore si sta evolvendo per soddisfare le crescenti esigenze di qualità e sostenibilità.

Nuove Tecniche di Estrazione: Le moderne tecniche di estrazione stanno ridefinendo il panorama della produzione dell'olio extravergine di oliva. L'introduzione di macchinari avanzati, come le centrifughe a due fasi o le presse a freddo controllato, consente di ottenere oli di altissima qualità, preservando al massimo le caratteristiche organolettiche delle olive.

Automazione dei Processi di Produzione: L'automazione ha rivoluzionato i processi di produzione, aumentando l'efficienza e riducendo il rischio di errori umani. Dalla raccolta meccanizzata delle olive all'impiego di sistemi di monitoraggio avanzati durante la spremitura, l'industria sta abbracciando la tecnologia per ottimizzare ogni fase della produzione.

Controllo Qualità Avanzato: Sistemi avanzati di controllo qualità stanno diventando sempre più diffusi, con l'utilizzo di sensori e dispositivi di analisi chimica in tempo reale. Questi strumenti consentono di valutare con precisione le caratteristiche delle olive e dell'olio, garantendo standard qualitativi elevati.

Sostenibilità e Riduzione degli Sprechi: In risposta alle crescenti preoccupazioni ambientali, l'industria si sta orientando verso pratiche più sostenibili. Dall'utilizzo di energie rinnovabili nella produzione ai sistemi di riciclo degli scarti, l'olio extravergine di oliva cerca sempre più di ridurre l'impatto ambientale.

Integrazione della Blockchain per la Tracciabilità: L'integrazione della tecnologia blockchain sta rivoluzionando la trasparenza e la tracciabilità nell'industria. Consentendo ai consumatori di seguire l'intero percorso dell'olio, dalla piantagione alla bottiglia, la blockchain promuove la fiducia e l'autenticità.

Queste innovazioni rappresentano un impegno costante nell'offrire un prodotto di alta qualità, rispettando al contempo l'ambiente e garantendo una catena di approvvigionamento trasparente. L'industria dell'olio extravergine di oliva si evolve continuamente, abbracciando il meglio delle nuove tecnologie per preservare la sua ricca tradizione e offrire un prodotto all'altezza delle aspettative moderne.

8.3: Olio Extra Vergine di Oliva Biologico

L'olio extra vergine di oliva biologico rappresenta un capitolo significativo nell'evoluzione dell'industria olivicola, riflettendo una crescente consapevolezza nei consumatori e un impegno per pratiche agricole più sostenibili.

La coltivazione biologica degli oliveti si basa su principi fondamentali di sostenibilità ambientale, abbracciando pratiche come la rinuncia a pesticidi e fertilizzanti chimici. Questa scelta non solo preserva la biodiversità e la salute del suolo, ma riduce anche l'impatto negativo sull'ecosistema.

I processi di produzione nell'ambito dell'olio extra vergine di oliva biologico rispettano rigorose linee guida. Dal momento della raccolta delle olive alla spremitura, ogni fase è progettata per mantenere la purezza del prodotto finale, evitando l'uso di sostanze chimiche artificiali.

Le certificazioni biologiche, spesso implementate attraverso sistemi di tracciabilità avanzati, forniscono ai consumatori la sicurezza sulla qualità e l'origine del prodotto. Queste certificazioni sono diventate un marchio di garanzia, rafforzando la fiducia del consumatore nel settore biologico.

I benefici per la salute associati all'olio extra vergine di oliva biologico sono molteplici. Dalla presenza di antiossidanti alla composizione equilibrata di acidi grassi monoinsaturi, questo olio contribuisce non solo al sapore delle pietanze, ma anche al benessere generale.

Le tendenze di consumo indicano chiaramente un crescente interesse per i prodotti biologici, con i consumatori che attribuiscono sempre più valore alla sostenibilità e alla provenienza etica. Le storie di successo nel settore biologico testimoniano come produttori e marchi abbiano risposto con successo a questa domanda crescente, distinguendosi nel mercato.

Il capitolo sull'olio extra vergine di oliva biologico offre uno sguardo approfondito su come l'industria stia abbracciando la sostenibilità e la salute, rispondendo alle aspettative dei consumatori moderni e plasmando il futuro dell'olivicoltura.

8.4: Storie di Successo Globali nell'Industria dell'Olio Extravergine di Oliva

Le storie di successo globali nell'industria dell'olio extravergine di oliva raccontano di un settore dinamico e in continua evoluzione, dove l'abilità, l'innovazione e la dedizione hanno dato vita a marchi e produttori che hanno conquistato mercati in tutto il mondo.

Aziende iconiche, con una lunga storia nel settore, hanno mantenuto la loro risonanza globale affrontando le sfide dei cambiamenti del mercato. La loro capacità di preservare la qualità e la tradizione, nonostante le mutevoli tendenze, le ha rese icone nel panorama mondiale dell'olio di oliva.

Dall'altra parte, ci sono marchi emergenti che, attraverso l'innovazione e l'impegno per la qualità, hanno rapidamente guadagnato fiducia e riconoscimento su scala internazionale. Queste storie evidenziano come la capacità di adattamento e la qualità superiore possano diventare un trampolino per il successo globale.

Le storie di piccoli produttori locali sono altrettanto affascinanti, dimostrando che anche le dimensioni ridotte non impediscono l'eccellenza. La loro attenzione artigianale alla produzione ha attirato l'attenzione internazionale, dimostrando che la qualità può emergere da qualsiasi contesto.

Innovazioni tecnologiche a livello globale, come nuovi metodi di estrazione o avanzamenti nella tracciabilità, hanno ridefinito gli standard del settore. Queste innovazioni testimoniano la costante ricerca di miglioramenti per offrire oli di oliva sempre migliori.

Le sfide superate, che vanno dalle crisi economiche ai cambiamenti climatici, raccontano storie di resilienza e adattamento. Queste aziende hanno dimostrato che, anche di fronte a ostacoli significativi, è possibile emergere più forti e più saggi.

Infine, storie di successo che vanno oltre il commercio evidenziano l'importanza di contribuire alla sostenibilità ambientale e al benessere delle comunità locali. Queste aziende incarnano l'idea che il successo non dovrebbe essere solo misurato in termini economici, ma anche per il positivo impatto sociale ed ambientale che generano.

Questo capitolo è un affascinante viaggio attraverso le voci globali che hanno plasmato l'industria dell'olio extravergine di oliva, dimostrando che il successo è spesso il risultato di una combinazione di talento, impegno e la capacità di adattarsi ai cambiamenti.

8.5: La Prossima Frontiera nell'Industria dell'Olio Extravergine di Oliva

La prossima frontiera nell'industria dell'olio extravergine di oliva è plasmata dalle crescenti esigenze dei consumatori e dalle nuove direzioni del mercato. In questo scenario in evoluzione, il settore si adatta per soddisfare una domanda sempre più sofisticata e orientata verso la sostenibilità.

Le crescenti esigenze dei consumatori hanno spinto l'industria a riconsiderare le proprie pratiche, puntando su trasparenza, tracciabilità e sostenibilità. I consumatori moderni vogliono conoscere l'origine del loro olio, essere sicuri della sua qualità e, sempre più spesso, cercano opzioni sostenibili che rispettino l'ambiente.

Le nuove direzioni del mercato includono l'espansione verso prodotti biologici e sostenibili, rispondendo alle richieste di consumatori attenti all'ambiente e alla salute. Marchi che abbracciano la produzione sostenibile e adottano pratiche agricole biologiche trovano sempre più accoglienza sul mercato.

L'innovazione continua nel settore include nuovi approcci alla produzione, dalla coltivazione delle olive all'estrazione dell'olio, garantendo un prodotto finale che soddisfi non solo i palati, ma anche le aspettative etiche dei consumatori.

La salute è un focus sempre maggiore, con ricerche che mettono in evidenza i benefici degli acidi grassi monoinsaturi e degli antiossidanti presenti nell'olio extravergine di oliva. Questa consapevolezza crescente contribuisce a posizionare l'olio come un componente essenziale di uno stile di vita sano.

La prossima frontiera vedrà probabilmente un'ulteriore integrazione della tecnologia, con sistemi avanzati di tracciabilità che permetteranno ai consumatori di esplorare l'intera catena di produzione del loro olio, dalla piantagione alla tavola.

La prossima frontiera nell'industria dell'olio extravergine di oliva sarà caratterizzata da una maggiore attenzione alle esigenze dei consumatori, all'innovazione sostenibile e alla promozione di uno stile di vita salutare. L'industria è chiamata a evolversi con il cambiamento delle preferenze e delle aspettative dei consumatori, mantenendo al contempo l'impegno per la qualità e la tradizione che la contraddistingue.

Capitolo 9: Olio Extra Vergine di Oliva e Benessere Psicofisico

L'olio extravergine di oliva, oltre a essere un ingrediente prezioso in cucina, ha dimostrato di avere un impatto positivo sul benessere psicofisico delle persone. Questa connessione tra la dieta e la salute mentale e fisica è un aspetto affascinante da esplorare.

Gli acidi grassi monoinsaturi presenti nell'olio extravergine di oliva, noti per i loro benefici cardiovascolari, sono anche coinvolti nel supportare la salute cerebrale. La loro presenza sembra essere correlata a una maggiore stabilità emotiva, suggerendo un ruolo più ampio oltre quello cardiaco.

Gli antiossidanti, come i polifenoli e la vitamina E, presenti nell'olio, svolgono un ruolo cruciale nella difesa contro lo stress ossidativo. Questo contribuisce non solo alla salute delle cellule del corpo, ma potrebbe anche avere effetti positivi sulla funzione cerebrale, fornendo una protezione contro i danni causati dai radicali liberi.

Il legame tra l'olio extravergine di oliva e la salute cognitiva è oggetto di crescente interesse scientifico. Alcune ricerche suggeriscono che il consumo regolare di questo olio potrebbe essere associato a una migliore funzione cerebrale e potrebbe contribuire a ridurre il rischio di declino cognitivo legato all'invecchiamento.

Il piacere del gusto svolge un ruolo importante nel benessere emotivo. L'olio extravergine di oliva, con la sua complessità di sapori, offre un'esperienza sensoriale che va oltre la nutrizione, contribuendo al benessere psicologico attraverso la soddisfazione dei sensi.

Il coinvolgimento con l'olio extravergine di oliva può diventare un rituale culinario che promuove il benessere psicologico. La preparazione e il consumo consapevole di piatti arricchiti da questo olio possono creare momenti di gioia, condivisione e connessione, rafforzando il legame tra alimentazione e benessere mentale.

Infine, nell'ambito della dieta mediterranea, in cui l'olio extravergine di oliva è un elemento chiave, si intravedono numerosi benefici per la salute psicofisica. Questo stile di vita è stato associato a una maggiore longevità e a miglioramenti nelle condizioni emotive, sottolineando il ruolo cruciale di questo olio nell'ambito di una dieta equilibrata e di uno stile di vita sano.

9.1: Meditazione e Olio

La meditazione, con la sua capacità di promuovere la consapevolezza e la calma interiore, si unisce all'olio extravergine di oliva, creando un connubio che va al di là della cucina per influenzare positivamente il benessere psicofisico.

La pratica meditativa spesso è caratterizzata da rituali che coinvolgono i sensi, la consapevolezza e la presenza mentale. L'introduzione dell'olio extravergine di oliva in questo contesto aggiunge una dimensione sensoriale al rituale, arricchendo l'esperienza meditativa attraverso il suo aroma e sapore distintivi.

L'olio extravergine di oliva, con la sua complessità di sapori e odori, può diventare una focale sensoriale durante la meditazione. Questo coinvolgimento sensoriale aggiunge un elemento di consapevolezza, portando l'attenzione al presente attraverso l'esplorazione delle sensazioni gustative e olfattive uniche dell'olio.

Oltre all'aspetto sensoriale, gli elementi nutrizionali dell'olio extravergine di oliva, come gli acidi grassi monoinsaturi e gli antiossidanti, possono contribuire al benessere del corpo e del cervello. Questi benefici nutrizionali possono favorire uno stato mentale più tranquillo e concentrato durante la meditazione.

La connessione tra la pratica meditativa e la dieta mediterranea, nella quale l'olio extravergine di oliva è un elemento centrale, offre un approccio olistico al benessere. Questa sinergia suggerisce che la scelta di alimenti come l'olio può essere parte integrante di uno stile di vita che promuove sia la salute mentale che fisica.

Inoltre, l'olio extravergine di oliva può essere integrato in pratiche di mindfulness quotidiane, trasformando gesti quotidiani come cucinare o condire il cibo in momenti di consapevolezza. Questo approccio alla preparazione del cibo può diventare un atto meditativo in sé, coinvolgendo tutti i sensi nella pratica di mindfulness.

Studi indicano che la meditazione può contribuire significativamente alla riduzione dello stress. L'olio extravergine di oliva, attraverso la sua connessione con la meditazione, può aggiungere un elemento di comfort e relax, offrendo un modo delizioso per facilitare la gestione dello stress quotidiano.

9.2: Olio e Longevità

L'olio extravergine di oliva, elemento distintivo della dieta mediterranea, emerge come un possibile compagno nel percorso verso una vita più lunga e sana. Questo capitolo approfondisce la connessione tra l'olio e la prospettiva di una longevità arricchita da benessere, esplorando le diverse vie attraverso cui questo ingrediente contribuisce positivamente alla salute.

La dieta mediterranea, con il suo nutrito utilizzo di olio extravergine di oliva, si associa a una maggiore longevità. Le qualità nutrizionali dell'olio, arricchite da acidi grassi monoinsaturi, polifenoli e vitamina E, emergono come un punto cardine nella prevenzione delle malattie correlate all'invecchiamento.

Gli acidi grassi monoinsaturi, protagonisti nell'olio extravergine di oliva, non solo preservano la salute del cuore ma potrebbero anche contribuire a un'allungata prospettiva di vita. Analizzare il ruolo cruciale di questi nutrienti offre una panoramica dettagliata su come l'olio possa contribuire al benessere complessivo.

La presenza di antiossidanti nell'olio, come polifenoli e vitamina E, costituisce una barriera essenziale contro lo stress ossidativo, un processo chiave nell'invecchiamento. Questi composti, uniti agli acidi grassi, possono agire sinergicamente per mantenere il corpo e le cellule in uno stato più giovane.

L'approccio olistico di questo capitolo esplora il legame tra le scelte alimentari, con un'attenzione particolare all'olio extravergine di oliva, e la longevità. Le proprietà benefiche dell'olio, unite alla sua facilità di integrazione nella dieta, ne fanno un candidato significativo per una vita più sana e duratura.

Il capitolo si spinge oltre, considerando la salute cerebrale come elemento cruciale per la longevità. Approfondire il contributo dell'olio extravergine di oliva alla funzione cognitiva offre una visione completa dei molteplici vantaggi che questo ingrediente può apportare per un invecchiamento più sano e appagante.

Inoltre, l'esplorazione si estende alla fase della vita degli anziani, evidenziando come l'integrazione dell'olio extravergine di oliva nella dieta possa essere una strategia ponderata per migliorare la nutrizione e promuovere il benessere, contribuendo così a una terza età più attiva e sana.

Questo capitolo invita a riflettere sulla connessione tra l'olio extravergine di oliva e la longevità, aprendo le porte a una riflessione approfondita su come questo ingrediente possa essere una chiave per una vita più lunga e sana.

9.3: Ruolo dell'Olio Extravergine di Oliva nella Dieta Mediterranea

L'olio extravergine di oliva, fulcro della dieta mediterranea, riveste un ruolo di primaria importanza nella promozione della salute e del benessere. Questo prezioso liquido è una presenza costante nei piatti caratteristici di questa dieta, contribuendo in modo significativo alla sua reputazione di regime alimentare salutare.

Nel contesto della dieta mediterranea, l'olio extravergine di oliva è un autentico pilastro. La sua utilizzazione va oltre quella di semplice condimento, diventando una fonte primaria di grassi salutari per il corpo. La cucina mediterranea, nota per la sua semplicità e al contempo ricchezza di sapori, trova nell'olio extravergine di oliva un elemento che non solo arricchisce il gusto dei piatti ma apporta anche benefici nutrizionali unici.

La versatilità dell'olio è evidente nella sua integrazione in molteplici preparazioni culinarie. Dalla classica insalata mediterranea ai piatti più complessi e ricchi di tradizione, l'olio extravergine di oliva sottolinea la varietà e la ricchezza della cucina di questa regione.

Uno degli aspetti distintivi dell'olio nella dieta mediterranea è il suo contributo alla prevenzione delle malattie cardiovascolari. Gli acidi grassi monoinsaturi presenti nell'olio hanno dimostrato di avere effetti benefici sul cuore, contribuendo alla riduzione dei rischi legati a patologie cardiache.

Oltre al suo impatto specifico sulla salute cardiovascolare, l'olio extravergine di oliva si integra armoniosamente nel concetto più ampio di promozione della longevità. La dieta mediterranea nel suo insieme è stata associata a una vita più lunga e sana, e l'olio contribuisce in modo significativo a questo stile di vita sano.

La tradizione culinaria della dieta mediterranea, caratterizzata dalla presenza costante di olio extravergine di oliva, rappresenta un legame profondo con la storia e la cultura di questa regione. La sua versatilità, la sua capacità di arricchire i piatti e i suoi benefici per la salute convergono nella creazione di un'esperienza culinaria autentica e sostenibile nel tempo.

9.4: Abbinamenti Gastronomici Avanzati con l'Olio Extravergine di Oliva

Nel contesto culinario, l'olio extravergine di oliva non è solo un condimento, ma un autentico compagno di viaggio nelle creazioni gastronomiche più avanzate. Questo capitolo esplora abbinamenti sofisticati e innovative applicazioni dell'olio extravergine di oliva, svelando la sua versatilità e raffinatezza nell'arte della cucina.

Gastronomia di Alta Cucina: L'olio extravergine di oliva si presta magnificamente a esplorazioni gastronomiche avanzate. Chef di alta cucina in tutto il mondo apprezzano la sua complessità aromatica e la sua capacità di amplificare sapori sottili. Esploreremo come l'olio diventi un elemento distintivo in piatti raffinati, contribuendo a elevare la presentazione e il gusto.

Abbinamenti con Prodotti Gourmet: Dal tartufo nero alle ostriche, l'olio extravergine di oliva si fonde armoniosamente con una varietà di prodotti gourmet. Analizzeremo abbinamenti insoliti ma deliziosi, svelando come l'olio possa essere utilizzato per equilibrare sapori complessi e aggiungere una nota di freschezza anche ai piatti più pregiati.

Cucina Molecolare e Olio Extravergine di Oliva: Esploreremo l'intersezione tra la cucina molecolare e l'olio extravergine di oliva. Chef innovativi utilizzano tecniche avanzate per trasformare l'olio in perle aromatiche, spume leggere e gelatine, aggiungendo una dimensione sorprendente e moderna alla presentazione dei piatti.

Olio Extravergine di Oliva nei Dessert: L'olio extravergine di oliva non è confinato alle portate salate; è diventato un ingrediente interessante nei dessert. Investigheremo come l'olio può arricchire dolci come gelati, torte al cioccolato e persino sorbetti, introducendo nuove sfumature di gusto e una consistenza vellutata.

Creazioni Fusion: L'olio extravergine di oliva si adatta splendidamente alle creazioni fusion, unendo sapori tradizionali a influenze culinarie globali. Esamineremo come l'olio possa essere utilizzato in piatti che fondono la cucina mediterranea con elementi asiatici, sudamericani o nordici, offrendo una sinfonia di sapori innovativa.

Arte e Presentazione: Oltre al suo ruolo nel palato, l'olio extravergine di oliva è una tela per l'arte della presentazione. Vedremo come chef creativi utilizzino l'olio per disegnare eleganti spirali, gocce e disegni sui piatti, aggiungendo un tocco estetico che va oltre il sapore.

Capitolo 9.5: L'Olio Extra Vergine di Oliva nel Futuro

Il futuro dell'olio extravergine di oliva si configura come un percorso entusiasmante, caratterizzato da prospettive innovative, adattamenti alle esigenze ambientali e una costante evoluzione delle preferenze dei consumatori. Questo capitolo si addentra in un viaggio speculativo, esplorando il modo in cui l'olio extravergine di oliva potrebbe plasmare e adattarsi al contesto futuro.

La sostenibilità emerge come un punto cardine nell'evoluzione del settore. Una consapevolezza crescente dell'impatto ambientale spinge produttori e consumatori verso pratiche più sostenibili. L'adozione di metodi agricoli rispettosi dell'ambiente e l'integrazione di tecnologie eco-friendly potrebbero delineare il percorso verso un futuro in cui la produzione di olio extravergine di oliva è in armonia con l'ecosistema circostante.

L'innovazione tecnologica gioca un ruolo cruciale nel plasmare il futuro dell'olio extravergine di oliva. Nuove tecniche di estrazione, conservazione avanzata e tecniche di produzione all'avanguardia potrebbero rivoluzionare il processo produttivo, garantendo al contempo la qualità del prodotto finale. Questa fusione tra tradizione e tecnologia potrebbe rendere l'olio extravergine di oliva sempre più accessibile e versatile.

La diversificazione delle varietà di oliva potrebbe essere un elemento intrigante nel futuro dell'olio extravergine. Nuove varietà regionali potrebbero emergere, offrendo una gamma ancora più ampia di profili di gusto e aromi. Questa diversificazione risponde alla crescente curiosità dei consumatori e alle loro esigenze di sperimentare sapori unici e autentici.

Inoltre, l'olio extravergine di oliva potrebbe diventare una figura di spicco nelle tendenze alimentari del futuro. Con una crescente attenzione alla salute e alla consapevolezza alimentare, potrebbe assumere un ruolo di primo piano in nuove diete e stili alimentari. La sua versatilità culinaria e i benefici per la salute potrebbero renderlo un ingrediente chiave nelle cucine di tutto il mondo.

Nell'ambito dell'economia globale, l'olio extravergine di oliva potrebbe mantenere e ampliare il suo ruolo prominente. La sua crescente popolarità a livello mondiale potrebbe contribuire alla sua integrazione in nuovi mercati e stimolare la produzione in risposta alla domanda internazionale.

Infine, le tendenze dei consumatori saranno un faro guida per il futuro dell'olio extravergine di oliva. La ricerca di prodotti artigianali, biologici e autentici potrebbe plasmare il settore, influenzando la produzione e il marketing. L'adattamento alle esigenze e alle preferenze dei consumatori potrebbe essere fondamentale per mantenere la rilevanza e la competitività nel mercato globale.

Il futuro dell'olio extravergine di oliva si dipana come una tela in continua evoluzione, tessuta con fili di sostenibilità, innovazione tecnologica e adattamento alle dinamiche del mercato e delle preferenze dei consumatori.

Capitolo 10: L'Olio Extra Vergine di Oliva nell'Estetica

Nel vasto universo della bellezza, l'olio extravergine di oliva rivela la sua versatilità, diventando non solo un ingrediente culinario ma anche un prezioso alleato per la cura personale. Attraverso le generazioni, questo liquido dorato ha sedimentato la sua presenza nei rituali di bellezza di molte culture, contribuendo a svelare il suo impatto positivo sulla pelle, sui capelli e nel promuovere una sensazione generale di benessere.

Nel cuore della bellezza mediterranea, l'olio extravergine di oliva è stato per secoli il segreto meglio custodito delle donne. Dai tempi antichi fino ai giorni nostri, è stato utilizzato come elisir per conferire luminosità alla pelle e vitalità ai capelli. Questo capitolo si propone di esplorare le radici di questo rituale, aprendo uno scrigno di tradizioni che risuonano ancora oggi.

Nel contesto della cura della pelle, l'olio extravergine di oliva si presenta come un'idratazione naturale e un elisir antiossidante. Questo prezioso liquido penetra nelle profondità della pelle, contribuendo a mantenerne l'elasticità e proteggendola dai danni ambientali. La sua applicazione diretta o l'integrazione in maschere fai-da-te offrono una dimensione naturale e benefica alla routine di bellezza.

Per quanto riguarda i capelli, l'olio extravergine di oliva diventa un elemento chiave per nutrire e ravvivare la chioma. La sua capacità di rendere i capelli morbidi, luminosi e sani lo posiziona come un rimedio naturale per migliorare la salute dei capelli. Trattamenti specifici e maschere capillari arricchiscono la routine di cura dei capelli, donando loro una nuova vitalità.

L'olio extravergine di oliva trova il suo spazio anche nei momenti di relax e benessere. La sua consistenza setosa e le proprietà nutrienti lo rendono ideale per massaggi rigeneranti, promuovendo il rilassamento fisico e mentale. Un massaggio con questo olio diventa un rituale di bellezza che coinvolge tutti i sensi.

Oltre all'uso diretto, l'olio extravergine di oliva ha conquistato un posto di rilievo nell'industria dei prodotti di bellezza. La sua presenza in creme idratanti, saponi e trattamenti specifici testimonia il suo ruolo essenziale nel mantenere la salute e la bellezza della pelle.

Infine, nella routine di bellezza quotidiana, l'olio extravergine di oliva si inserisce come un compagno costante. Attraverso suggerimenti pratici e consigli, diventa parte integrante di una bellezza autentica, celebrando la sua capacità di migliorare la nostra estetica personale in modo naturale e sostenibile. In questo capitolo, l'olio extravergine di oliva si rivela come un tesoro mediterraneo che offre molto più di un semplice tocco culinario, contribuendo a illuminare la nostra bellezza dall'interno verso l'esterno.

10.1 Il Rituale della Bellezza Mediterranea:

Il rituale della bellezza mediterranea è un affascinante viaggio attraverso le tradizioni millenarie che hanno elevato l'olio extravergine di oliva a un ruolo di primo piano nella cura e nella magnificenza della pelle e dei capelli. Radicato nelle antiche civiltà dell'area mediterranea, questo rituale è una testimonianza dell'amore e del rispetto che le culture hanno nutrito per questo liquido prezioso.

Nel cuore di questo rituale, l'olio extravergine di oliva è stato considerato un elisir della bellezza sin dai tempi antichi. Le donne mediterranee hanno tramandato di generazione in generazione l'uso sapiente di questo olio dorato, che conferisce luminosità alla pelle e vitalità ai capelli. Il segreto sta nella sua natura intrinsecamente nutriente e nella sua capacità di adattarsi alle esigenze specifiche della bellezza mediterranea.

Le origini del rituale affondano le radici nella Grecia antica, dove l'olio extravergine di oliva era associato alla dea della bellezza, Afrodite. Utilizzato nei bagni, nei massaggi e come componente chiave di unguenti, questo olio incarnava la purezza e la forza rigenerante della natura. Nel corso dei secoli, il rituale si è diffuso nelle regioni circostanti, diventando una pratica quotidiana che abbraccia la bellezza autentica e senza tempo.

Oggi, il rituale della bellezza mediterranea continua a ispirare le moderne routine di cura personale. L'olio extravergine di oliva è una presenza costante nelle case e nei cuori di coloro che apprezzano la sua capacità di trasformare la routine di bellezza in un momento di lusso e benessere. Attraverso il rituale della bellezza mediterranea, l'olio extravergine di oliva si rivela non solo come un ingrediente, ma come un custode delle tradizioni e della bellezza senza tempo che caratterizzano la regione mediterranea.

10.2 Cura della Pelle:

La cura della pelle attraverso l'uso dell'olio extravergine di oliva rappresenta un antico segreto di bellezza tramandato attraverso le generazioni. Questo capitolo si propone di esplorare in profondità come l'olio extravergine di oliva si sia affermato come una soluzione naturale e versatile per mantenere la salute e la bellezza della pelle.

Le proprietà idratanti dell'olio extravergine di oliva sono state a lungo celebrate. La sua composizione ricca di acidi grassi essenziali e antiossidanti fornisce un'idratazione profonda, aiutando a mantenere la pelle morbida ed elastica. Applicato direttamente sulla pelle o utilizzato in maschere fai-da-te, questo olio offre una soluzione naturale per affrontare la secchezza cutanea e migliorare la texture.

Gli antiossidanti presenti nell'olio extravergine di oliva svolgono un ruolo cruciale nella protezione della pelle dai danni causati dai radicali liberi e dai fattori ambientali. Questi composti contribuiscono a rallentare il processo di invecchiamento cutaneo, mantenendo la pelle giovane e luminosa. La regolarità nell'uso dell'olio extravergine di oliva come parte della routine di cura della pelle può svolgere un ruolo preventivo nell'apparizione di rughe e segni del tempo.

Nella medicina tradizionale e nella cosmetologia, l'olio extravergine di oliva è stato riconosciuto per le sue proprietà lenitive e curative. Grazie alla presenza di vitamine, in particolare la vitamina E, l'olio contribuisce a ridurre l'infiammazione cutanea e a promuovere la guarigione di piccole ferite e irritazioni. Questo lo rende un rimedio naturale per affrontare problemi cutanei comuni.

L'approccio della bellezza mediterranea alla cura della pelle con l'olio extravergine di oliva si estende oltre l'applicazione diretta. Maschere viso a base di olio, impacchi e trattamenti specifici sono diventati rituali di bellezza amati per coloro che cercano una soluzione naturale e efficace per migliorare la salute e l'aspetto della loro pelle.

In conclusione, la cura della pelle con l'olio extravergine di oliva è un rituale di bellezza che celebra la forza della natura. Attraverso il suo utilizzo costante, la pelle riceve i benefici di una fonte di nutrimento antica e autentica, conferendo un radiante splendore alla bellezza mediterranea e oltre.

10.3 Capelli Sani e Lucenti:

Nel vasto panorama della bellezza, la cura dei capelli con l'olio extravergine di oliva si presenta come un antico segreto tramandato attraverso le generazioni. Questo capitolo si propone di esplorare come l'olio extravergine di oliva si sia affermato come un elisir naturale per promuovere la salute e la lucentezza dei capelli, offrendo una soluzione completa e sostenibile per la cura della chioma.

L'olio extravergine di oliva è una risorsa ricca di nutrienti che contribuisce alla vitalità dei capelli. Grazie alla presenza di acidi grassi essenziali e vitamine, questo liquido prezioso nutre i capelli dalla radice alla punta, fornendo una idratazione profonda e migliorando la resistenza complessiva della chioma.

Uno degli aspetti distintivi dell'olio extravergine di oliva nella cura dei capelli è la sua capacità di rendere i capelli morbidi e setosi. L'applicazione regolare di olio sulle lunghezze e sulle punte aiuta a prevenire la secchezza, riducendo l'effetto crespo e conferendo una texture liscia e gradevole.

L'olio extravergine di oliva è particolarmente efficace nel trattamento delle punte danneggiate e secche. Gli acidi grassi presenti nell'olio penetrano nelle punte dei capelli, riparando le cuticole danneggiate e sigillando l'umidità, contribuendo così a prevenire le doppie punte.

Per chi cerca di stimolare la crescita dei capelli, l'olio extravergine di oliva offre una soluzione naturale. Applicato con massaggi delicati sul cuoio capelluto, questo olio migliora la circolazione sanguigna, favorendo la salute dei follicoli piliferi e supportando la crescita capillare.

I trattamenti specifici a base di olio extravergine di oliva, come maschere e impacchi, diventano rituali di bellezza che vanno oltre la cura quotidiana dei capelli. Questi trattamenti, ricchi di nutrienti e antiossidanti, contribuiscono a mantenere la salute del cuoio capelluto e la vitalità dei capelli.

In conclusione, la cura dei capelli con l'olio extravergine di oliva è una pratica che abbraccia la tradizione mediterranea, offrendo una soluzione completa e naturale per mantenere la bellezza e la salute della chioma. Attraverso il potere della natura, l'olio extravergine di oliva diventa un alleato insostituibile per chi desidera capelli sani, forti e luminosi.

10.4 Massaggi e Relax:

L'arte dei massaggi con l'olio extravergine di oliva è un antico rituale che abbraccia il benessere fisico e mentale. Questo capitolo esplorerà come l'olio extravergine di oliva, con la sua consistenza setosa e le proprietà nutrienti, diventi il compagno ideale per momenti di relax e rigenerazione.

Il massaggio con l'olio extravergine di oliva va oltre la semplice manipolazione fisica. La sua consistenza oleosa permette alle mani di scivolare dolcemente sulla pelle, creando una sensazione avvolgente di comfort e tranquillità. Questo contribuisce a ridurre la tensione muscolare e a favorire un rilassamento profondo.

Le proprietà nutrienti dell'olio extravergine di oliva rendono il massaggio non solo un'esperienza sensoriale, ma anche un trattamento benefico per la pelle. Gli acidi grassi essenziali e gli antiossidanti presenti nell'olio penetrano nella pelle durante il massaggio, contribuendo a idratare in profondità e a mantenere l'elasticità cutanea.

Il massaggio con olio extravergine di oliva può essere personalizzato in base alle preferenze individuali. Aggiungere alcune gocce di oli essenziali può arricchire ulteriormente l'esperienza, introducendo aromi rilassanti che stimolano la mente e inducono un senso di calma.

Questo rituale di massaggi e relax non è solo una pratica di bellezza, ma anche un modo per ridurre lo stress e promuovere il benessere psicofisico. I benefici del massaggio con l'olio extravergine di oliva si estendono al sistema nervoso, contribuendo a ridurre l'ansia e a migliorare la qualità del sonno.

Nel contesto della bellezza mediterranea, il massaggio con l'olio extravergine di oliva rappresenta un momento sacro di auto-cura, un rituale che si tramanda attraverso le generazioni. La sua capacità di trasformare il relax in un'esperienza di lusso e benessere lo rende un elemento essenziale nella pratica della bellezza mediterranea, dove il corpo e la mente si fondono armoniosamente.

10.5 Olio Extra Vergine di Oliva come Ingrediente in Prodotti di Bellezza:

L'olio extravergine di oliva ha conquistato un posto di rilievo nel mondo della bellezza, non solo come rimedio naturale ma anche come ingrediente chiave in una varietà di prodotti di bellezza. Questo capitolo esplora come l'olio extravergine di oliva si sia evoluto da un segreto di bellezza tradizionale a un elemento essenziale in una vasta gamma di formulazioni di prodotti di bellezza moderni.

La presenza di olio extravergine di oliva in creme idratanti è un tributo alle sue proprietà nutrienti e idratanti. Le creme a base di olio extravergine di oliva si distinguono per la loro capacità di penetrare nelle profondità della pelle, fornendo una idratazione duratura e migliorando la texture cutanea. La ricchezza di acidi grassi essenziali e antiossidanti rende questi prodotti un alleato prezioso per mantenere la pelle giovane e radiante.

Nel contesto dei saponi e dei detergenti, l'olio extravergine di oliva conferisce non solo una pulizia efficace ma anche una sensazione di morbidezza e setosità. La sua azione detergente delicata rispetta il naturale equilibrio della pelle, evitando l'effetto di secchezza spesso associato a detergenti più aggressivi.

Prodotti specifici per la cura dei capelli arricchiti con olio extravergine di oliva sono diventati popolari per la loro capacità di nutrire e migliorare la salute della chioma. Shampoo, balsami e maschere capillari formulati con olio extravergine di oliva offrono una soluzione completa per la cura dei capelli, donando loro lucentezza, morbidezza e resistenza.

La presenza di olio extravergine di oliva in prodotti specifici per la cura della pelle, come sieri e trattamenti anti-invecchiamento, è una testimonianza del suo ruolo nella promozione della salute cutanea a livello più profondo. La sua azione antiossidante contribuisce a contrastare i segni dell'invecchiamento, fornendo una difesa naturale contro i danni ambientali.

Infine, la sua versatilità si estende anche al campo della profumeria, dove l'olio extravergine di oliva può essere utilizzato come base per fragranze delicate e leggere, contribuendo a creare esperienze sensoriali uniche.

In conclusione, l'olio extravergine di oliva, da antico elisir di bellezza a ingrediente moderno, continua a svolgere un ruolo chiave nell'industria della bellezza. La sua presenza in una varietà di prodotti testimonia la sua capacità di adattarsi alle esigenze della moderna routine di bellezza, mantenendo intatta la sua essenza mediterranea di benessere e autenticità.

10.6 L'Olio nella Routine di Bellezza Quotidiana:

L'olio extravergine di oliva si insinua nella routine di bellezza quotidiana come un compagno fidato, un alleato che va oltre il mero aspetto estetico, offrendo un'esperienza sensoriale e benefica. Questo capitolo esplora come integrare l'olio extravergine di oliva nella tua routine di bellezza quotidiana possa trasformare non solo la tua pelle e i tuoi capelli ma anche il tuo benessere complessivo.

- **Il Risveglio Mattutino:** La giornata inizia con la dolcezza dell'olio extravergine di oliva. Una piccola quantità, massaggiata delicatamente sul viso, elimina dolcemente la stanchezza notturna, idratando la pelle e preparandola per affrontare la giornata. La sua consistenza leggera penetra rapidamente, lasciando una sensazione fresca e radiante.

- **Nella Doccia Rigenerante:** Durante la doccia, l'olio extravergine di oliva si trasforma in un momento di puro lusso. Un sapone o un gel doccia arricchito con questo elisir dorato pulisce delicatamente la pelle, mentre la sua fragranza sottolinea la connessione con la natura mediterranea. Dopo la doccia, una leggera applicazione di olio lascia la pelle morbida e vellutata.

- **Rituale di Cura dei Capelli:** La routine di bellezza non può prescindere dalla cura dei capelli. Uno shampoo arricchito con olio extravergine di oliva pulisce delicatamente senza privare i capelli dei loro oli naturali. Un balsamo nutriente, con la stessa preziosa aggiunta, rende i capelli setosi e maneggevoli. Una volta alla settimana, una maschera capillare all'olio offre un trattamento intensivo per riparare e rigenerare.

- **Il Momento del Massaggio:** Nel corso della giornata, concediti un breve massaggio alle mani o alle cuticole con l'olio extravergine di oliva. La sua azione idratante e lenitiva non solo favorisce la salute delle mani ma offre anche un momento di relax in mezzo alla frenesia quotidiana.

- **La Sera, Prima di Dormire:** Come una carezza prima di chiudere gli occhi, l'olio extravergine di oliva diventa parte integrante della tua routine notturna. Una leggera applicazione sul viso e sul collo offre un'idratazione intensa durante la notte, contribuendo a rigenerare la pelle e a mantenere la sua elasticità.

- **Un Rituale che Trascende la Bellezza Estetica:** Oltre i benefici estetici, l'uso quotidiano dell'olio extravergine di oliva diventa un rituale di auto-cura. La sua presenza costante nel tuo bagno non è solo una scelta cosmetica, ma una dichiarazione di amore per la tua pelle, i tuoi capelli e il tuo benessere complessivo.

Integrare l'olio extravergine di oliva nella tua routine di bellezza quotidiana è un modo tangibile per abbracciare la bellezza mediterranea, portando i suoi benefici nella tua vita quotidiana.

Conclusione

Attraverso il percorso di esplorazione condotto in questo libro, ci siamo immersi nelle profondità del mondo dell'olio extravergine di oliva, un viaggio che ha toccato le radici storiche di questa preziosa sostanza, ne ha esplorato gli usi culinari e terapeutici, e ha gettato luce sul suo ruolo nella cultura mediterranea e oltre.

Riflessioni sulla Cultura Mediterranea: L'olio extravergine di oliva è emerso non solo come ingrediente culinario ma come custode di una cultura millenaria. Attraverso miti antichi, tradizioni culinarie e connessioni con la terra, abbiamo avvertito l'essenza della vita mediterranea. È un simbolo di autenticità e di condivisione, un filo invisibile che lega le generazioni passate, presenti e future.

Impatto Globale e Sostenibilità: L'ampia diffusione dell'olio extravergine di oliva oltre i confini del Mediterraneo ci ha portato ad esaminarne l'impatto globale. In un mondo in rapida evoluzione, la sostenibilità è diventata una chiave di lettura fondamentale. La sfida sta nell'equilibrare la crescente domanda con la necessità di preservare le tradizioni agricole e l'ecosistema che produce questa preziosa risorsa.

Il Futuro dell'Olio Extravergine di Oliva: Guardando al futuro, il mondo dell'olio extravergine di oliva si trova di fronte a nuove sfide e opportunità. Le innovazioni tecnologiche, la consapevolezza ambientale e la richiesta di qualità mettono il settore di fronte a una continua evoluzione. L'obiettivo sarà mantenere la sua autenticità mediterranea mentre si adatta ai cambiamenti globali.

Consigli Pratici e Invito alla Sperimentazione: I consigli pratici offerti nel libro sono un invito a integrare l'olio extravergine di oliva nella vita quotidiana in modi nuovi e creativi. Sperimentare con questo elisir dorato non è solo un atto di gusto, ma un'opportunità per scoprire connessioni più profonde con la cucina, la bellezza e il benessere.

Conclusioni: In chiusura, possiamo considerare questo viaggio attraverso le pagine del libro come un'immersione profonda nelle radici culturali, culinarie e terapeutiche dell'olio extravergine di oliva. È più di un condimento o di un prodotto di bellezza; è un patrimonio da preservare, una fonte di nutrimento e un tramite per connettersi con la ricchezza della terra. Che la luce dorata dell'olio extravergine di oliva continui a brillare nelle nostre vite, mantenendo viva la sua autenticità nel panorama culinario e nella cultura globale.

Grazie

www.ingramcontent.com/pod-product-compliance
Lightning Source LLC
Chambersburg PA
CBHW070747290526
45795CB00002B/512